RESSOURCES
菓 子 工 坊
美味甜點配方

新田あゆ子　著

瑞昇文化

前言

RESSOURCES 菓子工坊開設的甜點教室
已經在今年邁入第 12 個年頭。

看到學生們開心上課，
連我自己都跟著感到活力滿滿，
「這是多麼棒的一份工作啊～」

然後，學生們也會想像著
製作甜點討某人開心的那種喜悅感受。

因為希望可以帶來這一連串的喜悅感受，
所以在課程上我一直盡可能的仔細，
著重於細節上的教導與傳授。

衷心期盼購買這本書的各位
能夠在甜點製作上更加精進、美味。
若能讓各位感到受用，那將是我的幸福。

RESSOURCES 菓子工坊

新田あゆ子

甜點製作的
4 大重點

只要謹記這四大重點就沒問題了。
肯定能夠製作出比平常更加美味的甜點。

想像完成的模樣

製作甜點的時候，首先最重要的事情就是，先試著想像一下，希望讓對方品嚐到「鬆軟」、「濕潤」、「酥脆」等，什麼樣的口感或味道，然後，希望製作出什麼樣的形狀。只要有完成的想像圖，就可以自然而然的朝著更加美味、更加漂亮的完成品邁進。

注意作業的目的

有了完成想像圖之後，接下來最重要的事情是，在作業的同時，一邊思考應該注意哪個環節才能更趨近於完成想像圖。例如，如果正在執行攪拌作業的話，就要叮嚀自己「希望有鬆軟口感，所以不可以壓破氣泡」、「希望有酥脆口感，所以不要揉捏」，又或者是「希望讓油脂和水分確實乳化，所以要確實攪拌」，像這樣仔細注意每一個步驟細節。

了解材料的性質

在注意作業目的的同時,最重要的事情是,了解材料的性質。例如,奶油一旦融化,性質就會產生變化,就算冰凍也不會恢復原狀。雞蛋溫熱後,就會失去表面張力,變得更容易打發。麵粉只要加水揉捏,蛋白質的構造就會改變,使黏性逐漸變強。了解這些材料的性質,就可以在實現想像完成圖的時候,更加了解應該採用何種作業方法比較好。

仔細觀察狀態的變化

除了注意作業目的、了解材料性質之外,最後一件重要的事情是,仔細觀察狀態的變化。確實掌握「呈現稠糊」、「呈現膨脹」、「產生光澤」之類的狀態變化,仔細確認之後,再進入下一個作業步驟。

目錄

道具的使用方法有好幾種訣竅。
只要確實掌握訣竅進行作業，就可以製作出更美味、更漂亮的甜點。
在此為您介紹製作甜點時經常使用的基本道具的使用訣竅。

攪拌刮刀

製作甜點時，最常使用到的道具便是攪拌刮刀。
根據你的需求和希望的攪拌方式，改變攪拌方法吧！

〔攪拌刮刀的使用方法〕

攪拌刮刀的使用方法會因場所而有所不同。
一邊思考目的，一邊靈活使用吧！

〔用攪拌刮刀攪拌的訣竅〕

攪拌刮刀是攪拌作業所不可欠缺的道具。攪拌方法有好幾種模式。不管是何種攪拌方式，最重要的關鍵就是重複不斷的練習。

●乳化（a）

希望讓材料確實乳化時，攪拌刮刀要採垂直姿勢，拇指朝上緊握。用攪拌刮刀的前端抵住攪拌盆的底部，以畫圓的方式攪拌（照片上）。偶爾用攪拌刮刀的弧面刮攪拌盆的邊緣，讓麵團附著在攪拌刮刀的表面，再把麵團混入，持續畫圓攪拌。

加入全蛋或蛋白時，尤其是剛開始時，請少量分次添加（1大匙左右），之後再充分攪拌。如果一次加入太多份量，就無法順利乳化。確實攪拌加入的蛋液，讓麵團混成一塊，呈現從調理盆略微浮起的狀態（照片中）後，加入之後的蛋液。

即便看似混合完成，如果在變成這種狀態之前加入之後的蛋液，之後就會產生分離。只要呈現Q彈的狀態（照片下），便是確實乳化。不容易乳化時，只要把用微波爐溫熱的濕毛巾鋪在攪拌盆底下，溫熱攪拌就可以了。可是，如果毛巾太熱，奶油就會融化，所以要多加注意。

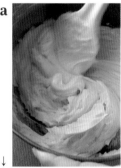

a

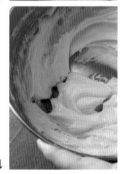

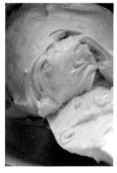

A 弧面端。用弧面沿著攪拌盆的圓弧挪動。

B 角。刮鍋子內側的時候，只要把這個角平貼在鍋子角落刮動，殘餘的材料就會減少。

C 筆直端。刮鍋子的側面時，就用這一端平貼挪動。

● 重複 **❶**、**❷**、**❸**（b）

為了製作餅乾等甜點，而需要混合粉末時，就使用這種方法。讓攪拌刮刀的弧面朝下，使攪拌刮刀略微平躺，斜插切入麵團。然後，在避免粉末飛散的情況下，以三次切入般的方式混合。第3次把沉積在攪拌盆底部的粉末刮起，宛如撈起般，推向攪拌盆的另一端。請在每次把攪拌刮刀翻面時，把攪拌盆轉動45°。

● 使麵團變柔滑（Fraser）（c）

製作餅乾或杏仁餡等甜點，希望使麵團均一，呈現柔滑狀態的混合方式。麵團混合一起後，先用切麵刀把沾黏在攪拌刮刀上的材料刮下來。

接著，把所有麵團集中到攪拌盆的後方。以拇指朝上的方式緊握攪拌刮刀，採取垂直姿勢。然後，用攪拌刮刀，宛如削刮般，讓麵團從後方逐漸往前方移動。不需要用力，請稍微挪動手腕，讓麵團移動。麵團全部移動到前方之後，讓攪拌盆旋轉半圈，再次把麵團集中到後方，再以削刮方式，讓麵團往前方移動。重複多次相同的動作，直到麵團變得柔滑為止。

● 直徑混合（d）

製作磅蛋糕或蛋糕捲的時候使用。拇指朝下緊握攪拌刮刀，讓刮刀面呈現直立。宛如使用刮刀面讓麵團平移那樣，從一點鐘位置朝七點鐘位置，呈一直線移動。攪拌刮刀來到攪拌盆的側面後，把麵團撈起，再回到相反端。如此就能更有效率的一口氣攪拌。

● 半徑混合（e）

製作海綿蛋糕麵糊，把蛋黃混進蛋白霜裡面的時候，或是製作傑諾瓦士海綿蛋糕的麵糊，加入低筋麵粉混合的時候使用。在攪拌盆的半徑範圍內，把麵團撈起，撈起的同時，讓攪拌盆旋轉1圈。這是希望更快混合時所使用的混合方法。

擠花袋和花嘴

只要擠花的技巧精進，製作甜點的技術也會瞬間提升。
掌握重點，學習擠花袋的使用方法吧！

〔 素材和種類 〕

擠花袋有透明的塑膠袋種類（照片右），和可清洗重複使用的種類（照片左）。擠出之後不需加熱的麵團或鮮奶油，我會使用比較衛生的透明塑膠袋類型。餅乾等略有硬度的麵團，擠出後需要烘烤的材料，則會使用可以重複使用的類型。花嘴有星形、平口、圓形的不銹鋼種類。塑膠種類則是擠出環狀的羅米亞花嘴。星形花嘴有星芒數和直徑大小等各式各樣。星芒數如果有6個，就稱為六芒星；號碼則是以1號、2號那樣排序，號碼越大，直徑就越大。

● 安裝花嘴

1

剪掉擠花袋的前端。如果缺口大於花嘴口徑，花嘴會從擠花前端掉出，所以要一點一滴的慢慢剪。

2

把花嘴放進擠花袋的內側。

3

如果花嘴前端沒有從袋裡露出，就再進一步剪掉一截。不要一口氣剪掉，要一點一滴的慢慢調整。

4

花嘴的開口部分完全露出袋外，便是恰到好處的狀態。如果剪得太大，使用較小的花嘴時，花嘴就會從擠花袋前端掉出，要多加注意。

● 裝填材料

1

把擠花袋反折一半程度。

2

用切麵刀盡可能一次撈取大量的鮮奶油或麵團（蛋白霜等希望保留氣泡的材料，必須減少接觸的次數，所以要一次撈取大量）。

3

垂直拿取切麵刀，讓鮮奶油或麵團沿著切麵刀滑進擠花袋裡面。

× 失敗

⇒如果擠花袋只反折1/3程度，鮮奶油或麵團便很難深入擠花袋前端，必須用蠻力把材料推擠到花嘴前端。另外，擠花袋的上方也會沾黏材料，使擠花作業更困難。

● 擠花訣竅

1

確實扭轉擠花袋的開口部，用拇指的根部夾住。

2

用另一支手握住擠花袋邊緣。用手掌把擠花袋裡面的材料往下推，讓材料塞滿至擠花袋的前端。在把材料擠到蛋糕等甜點上面之前，先暫時擠一些在攪拌盆等容器裡面，讓材料充滿至花嘴前端。

3

擠出材料時，要不斷的拉緊、扭轉擠花袋。

4

把扭轉的部位夾在拇指和食指之間。

5

用整個手掌握緊擠花袋，將材料往下推擠。

× 失敗

⇒只用手指推擠。

× 失敗

⇒扭轉的部位位在手掌裡面。

● 添加材料

1

在擠花袋裡面添加材料時，用切麵刀把材料推至花嘴。這個時候，要用切麵刀的圓弧端推擠。如果用帶有角的那一端推擠，可能會讓擠花袋產生破洞。

手持攪拌器

在磅蛋糕、海綿蛋糕、蛋白霜、鮮奶油的打發等各種情況下使用。
使用方法的重點在於移動的方式。

〔 用手持攪拌器打發的訣竅 〕

用手持攪拌器打發麵團或鮮奶油的時候，最重要的是規律性的移動。移動的方式會因目的而有不同。依照目的，靈活運用打發方法吧！

● 打發少量材料（a）

傾斜攪拌盆，讓手持攪拌器的攪拌葉片能夠確實攪拌到液體。

● 用高速增加體積（b）

體積增加之後，讓攪拌盆平放，垂直拿取手持攪拌器，在攪拌盆裡面以畫大圓的方式，讓手持攪拌器朝順時針方向移動（照片左）。或是把攪拌盆往前方轉動，同時讓手持攪拌器從12點鐘的位置往6點鐘的位置直線移動，就可以毫無死角的全面打發材料（照片右）。

● 用低速使質地一致（c）

調整質地時，要用低速仔細的攪拌含有大量氣泡的大體積麵團，使氣泡的大小形成均一。垂直抓握手持攪拌器，宛如在攪拌盆裡面畫大圓一般，慢慢的移動手持攪拌器。

a   b   →   c

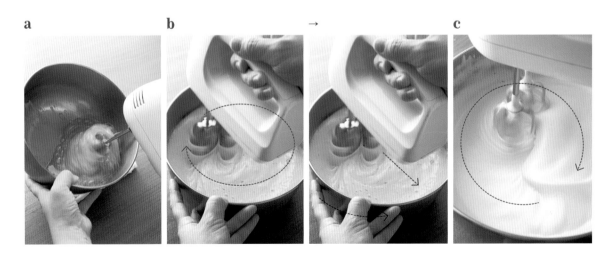

切麵刀

切麵刀也是能在各種情況下使用的道具。
和攪拌刮刀一樣，注意該使用哪個部分吧！

〔 適合的作業依硬度而有不同 〕

切麵刀有軟硬兩種材質。硬切麵刀適合用來切割麵團，而收集殘留在攪拌盆裡面的麵團或鮮奶油的時候，使用軟切麵刀會比較容易作業。原則上，備妥軟硬兩種材質會更加便利，如果只打算準備其中一種的話，硬切麵刀的使用用途會比較廣泛。

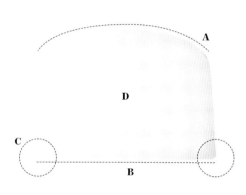

●切麵刀的使用方法

切麵刀和攪拌刮刀相同，使用用途會因作業或目的而有不同。先了解使用目的吧！

A 弧面端。收集攪拌盆裡的材料時，就用這一端沿著攪拌盆的弧面移動。另外，把殘留在擠花袋裡面的麵團集中到花嘴時，也要使用這一端。

B 筆直端。抹平表面，或是收集檯面上的粉末等時候，就要使用這一端。攤開麵團時，就平貼在麵團上面，採用較大的角度；抹平表面時則要縮小角度。切割麵團時，也要使用這一面。

C 角。希望把麵團抹開至模型角落時，或是希望刮出鍋子內緣的殘餘材料時，就使用這個部位。

使用本書之前

〔關於材料〕

- 奶油使用無鹽奶油。
- 糖粉使用純糖粉。
- 杏仁粉使用去皮的種類。
- 堅果類準備生的。

〔關於製作方法〕

- 本書經常採用「讓材料呈現不冷的狀態」這樣的表現。在甜點食譜中，大多都是採用「恢復常溫」這樣的表現，但因為夏季和冬季的常溫溫度有差異，所以冬季常溫下的材料會太冷。夏季可以使用常溫，但冬季則要隔水加熱，使材料呈現比人體肌膚微溫的狀態。
- 烤箱的加熱方式因機種而有不同。本書的烘烤溫度、時間為參考值。請依照您使用的烤箱進行調整。另外，要在烘烤中途把烤盤的前後位置對調，以達到均勻加熱。
- 手持攪拌器的攪拌時間和速度會因機種而有不同。請仔細觀察麵團或鮮奶油，進行調整。
- 融化奶油可使用微波爐的解凍模式或隔水加熱的方式製作。
- 奶油只要用微波爐的解凍模式加熱軟化，就能更容易作業。請一邊觀察狀態一邊解凍，避免讓奶油完全融化。
- 打蛋的時候，要確實攪拌直到切斷蛋筋，整體呈現均勻狀態。
- 攪拌盆會燙手時，比起連指的隔熱手套，戴上2層一般手套反而能讓手指更容易活動，使作業更加容易。
- 用攪拌刮刀刮下沾黏在篩子背面的鮮奶油或料糊，充分利用所有材料吧！
- 完成的數量為參考值。
- 可冷凍保存的配料的保存期限取決於冷凍庫的機種及庫內狀態。請仔細觀察狀態後再進行判斷。

〔關於用語〕

- 料糊（Appaleil）：混合材料的麵團或麵種。
- 焦化（Caramel）：溶解砂糖，使砂糖焦化，呈現褐色的狀態。
- 香緹奶油餡（Creme Chantilly）：打發的鮮奶油。
- 杏仁奶油餡（Crème D'amande）：杏仁粉、砂糖、奶油、雞蛋等製成的奶油醬。
- 輕奶油餡（Crème Diplomate）：把打發的鮮奶油加入甜點師奶油醬裡面。
- 甜點師奶油餡（Crème Pâtissière）：指的就是卡士達奶油餡。
- 卡士達杏仁奶油餡（Crème Frangipane）：由杏仁奶油餡和甜點師奶油餡混合而成。
- 安格列斯醬（Anglaise Sauce）：把蛋黃、牛乳、砂糖混合在一起，加熱成濃稠狀。
- 鏡面果膠（Nappage）：塗抹在蛋糕或配料的表面。預防乾燥，增添光澤。
- 扎小孔（Piquer）：用叉子等道具在麵團上扎孔。
- 塔皮入模（Fonçage）：把麵團鋪在模具裡面。

1
布丁
Crème caramel

布丁凝固的溫度約80℃

布丁是利用雞蛋加熱凝固的性質來製作而成的。布丁的凝固溫度會因配方而有不同,不過大部分的情況都是80℃左右。溫度超過80℃之後,布丁就會逐漸變硬,一旦接近100℃,就會開始產生蜂巢。蜂巢裡面的水分會蒸發,在布丁裡留下小孔。如果產生蜂巢之後仍持續加熱,口感就會變差,可是,如果使用新鮮的雞蛋,就算沒有加熱太久,還是會產生猶如蜂巢般的氣泡,所以不需要過分在意是否有蜂巢產生。

利用隔水加熱,製作出滑嫩

如果用高溫加熱,不是會在內部熟透之前,使外側變硬,就是會導致蜂巢的產生。若要製作出整體入口即化的狀態,就必須花費更多時間,慢慢提高布丁液體的溫度。因此,布丁要以隔水加熱的方式烘烤。隔水加熱可以避免布丁直接受熱,同時使加熱速度變得和緩。

製作味道醇厚的布丁

布丁的主要材料是雞蛋、牛乳、砂糖。只要增加蛋黃的比例,就能更添濃稠、滑嫩,味道也會變得醇厚。僅使用全蛋的布丁,蛋白比例比較高,因此會產生滑溜的口感。若要製作出醇厚的味道,除了增加蛋黃之外,還有把部分牛乳替換成鮮奶油、使用煉乳代替砂糖之類的方法。

烤布蕾和布丁的差異

一般來說,布丁使用蛋黃,也使用蛋白,而烤布蕾則只使用蛋黃。沒有使用蛋白的烤布蕾沒有布丁特有的滑溜彈力,取而代之的是柔滑的奶油狀。蛋黃的凝固溫度比全蛋低,開始凝固後會馬上變硬(參考P.176雞蛋的凝固溫度),所以加熱時必須注意避免加熱過度。本書的烤布蕾是把材料倒進較淺的容器,並用100℃的低溫進行加熱,但如果是用布丁那種深度較深的容器,就必須和布丁一樣,採用長時間隔水加熱烘烤的方式。

布丁

用雞蛋、牛乳、砂糖製作的簡單食譜。
除了全蛋之外，同時也加入蛋黃增添了濃郁。
脫模後，仍可維持完整形狀的布丁。

材料

● 料糊（上邊直徑5.5cm、底邊直徑4cm、高度5.5cm的
布丁杯／5個）

全蛋 … 120g
蛋黃 … 20g
精白砂糖 … 40g
牛乳 … 220g
香草豆莢 … 長1cm

● 焦糖（10個）

精白砂糖 … 75g
熱水 … 50g

事前準備

・把料糊用的全蛋和蛋黃放進攪拌盆，充分攪拌成
　均勻狀態備用。

1

焦糖

用中火加熱鍋子，溫熱後，
放進份量⅓左右的精白砂糖。
➡ 把手放在小鍋上方，感受到熱度
後，放進精白砂糖。精白砂糖的份
量大約是稍微覆蓋整個鍋底的程度。

2

精白砂糖溶解後，再進一步
加入相同份量的精白砂糖。
重覆這樣的動作，待全部的
精白砂糖都溶解之後，改用
中火烹煮焦化。
➡ 如果一次放入全部份量，就無法
使整體均勻焦化（會有局部在整體
完全溶解之前呈現焦化）。

3

產生氣泡後，關火，鍋子持
續放在爐上，進一步焦化。
➡ 關火後，焦化的速度會減緩，就
不會焦化過度。

4

確實呈現焦色後，讓鍋底接
觸冷水。滋滋聲響消失後，
馬上移開鍋子。
➡ 快速冷卻，可以讓焦化情況停留
在最佳狀態。可是，如果一直接觸
冷水，就會使焦糖冷卻、凝固。

5

慢慢加入熱水，用木杓仔細
攪拌，直到呈現均勻狀態。
➡ 加入熱水時，要注意噴濺問題。
焦糖如果結塊，只要加熱溶解即可。

6

過篩。
➡ 焦糖有時會凝固結塊，所以要過
篩去除結塊。

7

在每個布丁杯裡倒進8g的焦
糖。放進冷凍庫，使焦糖冷
卻凝固。
➡ 焦糖只要預先冷卻凝固，就不會
和料糊混在一起。如果冷卻之後，
焦糖還是沒有完全凝固，只要放慢
倒入料糊的速度，就不會混進焦糖
裡面。

8

料糊

把充分打散的全蛋和蛋黃放進攪拌盆，混入精白砂糖。在這段期間，把牛乳放進鍋裡，再把香草豆莢連同豆莢一起放入，用中火加熱，備用。

9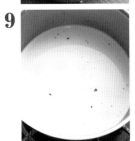

步驟 **8** 的鍋緣開始咕嘟咕嘟沸騰的時候，關火。

10

用打蛋器一邊攪拌步驟 **8** 的攪拌盆，一邊倒入步驟 **9** 的材料，充分混合。

➡ 變成步驟 **9** 的狀態後，馬上倒進步驟 **8** 的攪拌盆裡面。

11

過篩。

➡ 去除香草豆莢或牛乳的膜，是為了製作出柔滑的口感。

12

過篩。氣泡浮起後，用湯匙等道具撈取。

13

烘烤【160℃／65分鐘】

把75g左右的料糊倒進步驟 **7** 的布丁杯裡。用鋁箔覆蓋杯口。

➡ 用鋁箔覆蓋杯口，可防止表面乾燥或烤焦。

14

把烤盤放在較深的調理盤裡面，把熱水倒進調理盤。然後再放進裝有料糊的布丁杯，用160℃的烤箱隔水加熱烘烤65分鐘左右。

➡ 務必使用熱水。拿起來搖晃的時候，只要連中央都會跟著晃動，就算完成了。如果只有中央呈現液狀，就還要再加熱一下。

15

連同布丁杯一起浸泡在冰水裡急速冷卻，放涼後，放進冰箱冷藏。

➡ 之所以採用急速冷卻，是為了盡可能縮短細菌容易繁殖的溫度區間。

法式布丁

只要把喜歡的水果和鮮奶油一起裝盤，就成了法式布丁。布丁脫模時，只要用湯匙等道具輕壓料糊邊緣，讓空氣進入模型和料糊之間，再把布丁杯倒扣在盤上就可以了。

烤布蕾

因為是用蛋黃製成，所以能產生柔滑細緻的口感。
同時加上焙茶的香氣。
也可以用紅茶、茉莉花茶或香草茶等個人喜歡的茶葉增添變化。

材料

（上邊直徑13cm、底邊直徑10cm的淺盤／2盤）

牛乳 … 50g

鮮奶油（乳脂肪含量47％）… 125g

焙茶（茶葉）… 4g

蛋黃 … 30g

茶色砂糖 … 20g

※依個人喜好，使用三溫糖、紅糖、蔗糖等種類。

事前準備

‧ 烤箱預熱至100℃。

1

料糊

把牛乳和鮮奶油放進鍋裡，用中火加熱。鍋緣開始咕嘟咕嘟沸騰後，關火，加入焙茶，用攪拌刮刀稍微攪拌。

2

蓋上鍋蓋，燜5分鐘。

➡ 蓋上鍋蓋，避免焙茶的香氣外漏，使氣味確實溶入牛乳之中。

3

過濾，去除焙茶。

➡ 最後，用攪拌刮刀輕輕擠壓茶葉。如果擠壓的力道太大，會產生澀味，所以要多加注意。

4

把蛋黃和茶色砂糖放進攪拌盆，用打蛋器搓磨攪拌。

5

用打蛋器攪拌步驟 **4** 的材料，一邊把步驟 **3** 的材料加入。

6

過濾步驟 **5** 的材料，如果有氣泡，就用湯匙等工具撈除。

➡ 撈除茶葉、蛋殼、結塊顆粒等，製作出柔滑口感。

7

烘烤【100℃／30～40分鐘】

把一半份量的料糊倒進淺盤，再把淺盤放進烤盤裡面，用100℃的烤箱烘烤30～40分鐘。直接在烤盤上放涼，然後放進冰箱冷藏。

➡ 搖晃時，只要料糊會整體一起晃動，就代表完成了。如果只有中央呈現液狀，就還要再加熱一下。

8

品嚐之前進行表面的焦糖化。首先，把茶色砂糖（份量外）撒在表面。

9

用瓦斯槍烤出焦色。反覆2～3次，讓表面呈現酥脆。

➡ 瓦斯槍要平放加熱。當茶色砂糖全部融化，呈現焦色之後，接著再撒上一層茶色砂糖。

10

表面呈現酥脆美味的焦色，便大功告成。

➡ 瓦斯槍如果加熱過度，會烘烤到料糊，使狀態產生變化，要多加注意。

瓦斯槍

若要使表面焦化，就要使用裝在瓶裝瓦斯上使用的料理用瓦斯槍。水果起司蛋糕（P.119）或水果慕斯（P.139），只要加熱模具，就可以完美的脫模，這個時候，只要用瓦斯槍烘烤模具，就可以簡單加熱，十分便利。

2

餅乾

Sablé

● 餅乾的製法

餅乾有各式各樣的製作方法。

壓模餅乾：用擀麵棍等道具把麵團擀成薄片，放涼
至容易脫模的硬度後，進行壓模。
→ 千鳥（P.040）

冰箱餅乾：把塑形成圓形或方條狀的麵團確實冷卻
變硬後，用菜刀等道具進行切割。
→ 螺旋餅乾、大理石餅乾（P.031）

手捏餅乾：冷卻成可用手塑形的硬度，搓成圓形
後，塑形。
→ 雪球（P.030）

擠花餅乾：製作出容易擠花的麵團，擠出個人喜歡
的形狀。
→ 亞爾（P.028）

液種餅乾：麵團呈現流動緩慢的液狀。薄烤製成。
→ 蘭朵夏（P.029）

● 確實乳化是重點

在製作美味餅乾的作業中，最重要的環節就是讓奶
油和雞蛋確實乳化。所謂的乳化是指水分和油脂完
全混合的狀態。相反的，水分和油脂沒有混合的狀
態就稱為分離。只要確實乳化，就可以製作出入口
即化的絕佳口感。沒有確實乳化的麵團，不是感覺
油膩，就是口感較硬。除了餅乾之外，在磅蛋糕、
塔的杏仁奶油餡等許多甜點的製作中，讓麵團確實
乳化，便是美味的重點。除了甜點之外，巧克力和
鮮奶油混合而成的巧克力奶油霜、鮮奶油和焦糖混
合而成的焦糖醬，最重要的關鍵也是乳化。

028　亞爾 (→ P.032)

亞爾

用花嘴擠出餅乾麵團，重點是確實烘烤出焦糖色，製作出酥脆口感。
餅乾的名稱起源於梵谷描繪「向日葵」的地區，也就是南法的亞爾（Arles）。

材料（直徑7cm／約40片）
● 麵團
奶油 … 100g
糖粉 … 50g
全蛋 … 40g
低筋麵粉 … 150g

●牛軋糖
鮮奶油（乳脂肪含量38%） … 30g
奶油 … 18g
精白砂糖 … 24g
蜂蜜 … 12g
杏仁片 … 30g

事前準備
‧軟化麵團用的奶油。
‧使雞蛋呈現不冷的狀態。
‧低筋麵粉過篩備用。
‧用手掐碎牛軋糖用的杏仁片備用。
‧烤箱預熱至150℃。

1

麵團

把軟化的奶油和糖粉放進攪拌盆，用攪拌刮刀把糖粉往下按壓，混合攪拌。

2

把全蛋打散，慢慢倒進步驟1的攪拌盆。

3

一邊用攪拌刮刀的前端按壓攪拌盆底部，一邊混合攪拌，讓材料乳化。
➡ 參考P.010「乳化」。

4

加入過篩備用的低筋麵粉，用攪拌刮刀切割攪拌。
➡ 參考P.011「重複❶、❷、❸」。

5

麵團集結成團之後，用切麵刀刮下沾黏在攪拌刮刀上的麵團，把麵團全部集中到攪拌盆的後方。再用攪拌刮刀慢慢把麵團移動到前方。麵團完全移動到前方後，轉動攪拌盆半圈，再次讓麵團移動至前方。

➡ 參考 P.011「使麵團變柔滑（Fraser）」。

↓

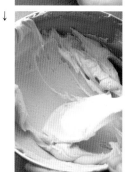

重複數次相同的動作，直到麵團變得柔滑。

6

牛軋糖

把鮮奶油、奶油、精白砂糖、蜂蜜放進鍋裡加熱。煮沸後，加入掐碎的杏仁片。

7

以畫圓的方式，用攪拌刮刀一邊攪拌，一邊收乾湯汁。整體稍微著色，同時出現稠糊感之後，關火。

➡ 只要呈現宛如從鍋緣或鍋底浮起的狀態，同時，用攪拌刮刀攪拌，整體沾黏在一起，無法動彈的話，就代表完成了。

8

烘烤❶
【150℃／10分鐘】

把麵團裝進裝有羅米亞花嘴的擠花袋，擠在烤盤上面。用150℃的烤箱烘烤10分鐘。

➡ 讓花嘴的前端緊密貼附在烤盤上面，直接在這個狀態下擠出麵團。擠出適當大小後，即可停止擠壓的動作，直接把擠花袋往上拉起（上方照片）。用指尖去除擠花時沾黏在花嘴口的麵團，把花嘴口清潔乾淨後再擠出（下方照片），就可以擠出漂亮的形狀。

↓

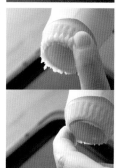

9

烘烤❷
【150～155℃／10分鐘】

用湯匙把牛軋糖倒進麵團中央，用150～155℃的烤箱烘烤10分鐘。直接放在烤盤上冷卻。

➡ 牛軋糖呈現透明感，咕嘟咕嘟沸騰，呈現焦糖狀之後，就算完成了。如果在仍有不透明部分殘留的情況下從烤箱裡取出，就無法烘烤出酥脆的牛軋糖。

羅米亞花嘴

法國的烘焙道具製造商MATFER製作。可擠出環狀。有鋸齒部分和中央圓形部分有著相同高度的FLAT類型。也有只有圓形部分比較高的HIGH類型，可是，如果用那種類型的擠花來製作餅乾，麵團就會變得太厚。因為是口徑比較大的花嘴，所以擠花袋的前端要剪出較大的開口。

蘭朵夏（貓舌餅）

薄餅夾上堅果糖和巧克力的奶油霜。
因為麵糊會在烘烤過程中擴散，所以擠花時要注意間隔和份量。
只要稍微烘烤，就十分美味。

材料（直徑2.5cm／29個）

● 堅果奶油

杏仁堅果糖 … 9g

白巧克力 … 18g

● 麵糊

奶油 … 30g

糖粉 … 30g

杏仁粉 … 15g

蛋白 … 30g

A

低筋麵粉 … 15g

高筋麵粉 … 15g

事前準備

· 奶油軟化至抹刀可輕易切入的柔軟程度。

· 糖粉和杏仁粉一起過篩。

· **A**材料混合過篩。

· 烤箱預熱至160℃。

1

堅果奶油

把杏仁堅果糖和白巧克力放進攪拌盆。隔水加熱，溶解攪拌。

➡ 使用板型巧克力時，要預先切成細碎狀。

2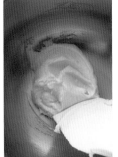

麵糊

把軟化的奶油放進攪拌盆。加入混合過篩的糖粉和杏仁粉，在加入的同時，用攪拌刮刀持續攪拌至均勻狀態。

➡ 粉末會飛揚，所以攪拌時要用攪拌刮刀一邊按壓一邊攪拌。

3

用打蛋器等道具，以切割的方式攪拌蛋白，切斷蛋筋，攪拌成清澈狀態。

➡ 如果沒有切斷蛋筋，就無法分次添加，不容易分離。這裡是用手拿著手持攪拌器的攪拌葉片攪拌，不過，也可以使用打蛋器。注意不要打到起泡。

4

分次把步驟**3**的蛋液倒進步驟**2**的攪拌盆裡，每次添加時，要用攪拌刮刀充分攪拌，使其乳化。

➡ 參考P.010「乳化」。

5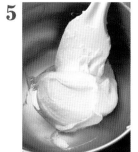

加入 **A** 材料，用攪拌刮刀混合。只要呈現如照片般的均勻狀態，就可停止混合。

9

用另一片蘭朵夏夾住內餡。放進冰箱，使奶油霜冷卻凝固，時間不要超過5分鐘。

➡ 如果一直放在冰箱裡，餅乾會產生裂痕。

6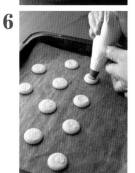

把麵糊裝進裝有口徑10mm圓形花嘴的擠花袋，在鋪有烤盤墊的烤盤上，擠出直徑2.5cm的圓形。

➡ 擠花袋垂直抓握。為了維持固定高度，只要把左手靠在烤盤上面，扶住擠花袋就行了。擠出麵糊後，轉動花嘴的前端，再離開烤盤。因為麵糊會在烘烤期間擴散，所以要預留間隔。

7

烘烤【160℃／8～10分鐘】

用160℃烘烤8～10分鐘。移放到調理盤，完全放涼。

➡ 因為麵糊很薄，所以容易烤焦。在接近出爐的時間預先觀察，先把烤好的取出。

8

最後加工

用茶匙撈取奶油霜，讓奶油霜滴落在蘭朵夏的底部。

➡ 等蘭朵夏完全放涼，再加上奶油霜。如果在溫熱時加上，奶油霜會溶解滴垂。

雪球

清爽口感的餅乾裡面蘊藏著牛奶風味。
牛奶預先製成焦糖狀，製作出味道和口感絕配的餅乾。
作業的重點在於不要讓麵團的奶油融化。

材料（直徑2.5cm／約65顆）

● 焦糖核桃
水 … 35g
精白砂糖 … 50g
核桃 … 35g

● 麵團
奶油 … 100g
糖粉 … 27g
A
　低筋麵粉 … 85g
　杏仁粉 … 50g
　玉米粉 … 40g
鹽巴 … 1g

● 最後加工
糖粉 … 70g左右

事前準備
・奶油軟化至抹刀可輕易切入的柔軟程度。
・**A**材料混合過篩。
・烤箱預熱至170℃、160℃。

1

焦糖核桃

把水和精白砂糖混在一起煮沸，製成糖漿。趁熱放進核桃浸泡，放置一晚。過濾，瀝掉糖漿。

2

烘烤核桃
【170℃／10～13分鐘】

把烘焙紙鋪在烤盤上，平鋪上步驟**1**的核桃（照片）。用170℃的烤箱烘烤10～13分鐘。

➡ 在中途混合整體，使全體均勻加熱。從烤好的核桃先取出。

3

用小刀切碎。

4

麵團

把軟化的奶油、糖粉（27g）放進攪拌盆，用攪拌刮刀混合。

➡ 粉末會飛揚，所以攪拌時要用攪拌刮刀一邊按壓一邊攪拌。

5

把**A**材料全部加入，用攪拌刮刀劃切混合。

➜ 參考P.011「重複❶、❷、❸」。

6

麵團集結成團之後，用切麵刀刮下沾黏在攪拌刮刀上的麵團，把麵團全部集中到攪拌盆的後方。再用攪拌刮刀慢慢把麵團移動到前方。麵團完全移動到前方後，轉動攪拌盆半圈，再次讓麵團移動至前方。

➜ 參考P.011「使麵團變柔滑（Fraser）」。

↓

重複數次相同的動作，直到麵團變得柔滑。當麵團不會沾黏攪拌盆，形成一整團之後，就可以停止攪拌作業。

7

加入步驟**3**的核桃，用手攪拌，讓核桃碎片遍布整體。

➜ 如果混合過度，核桃會滲油，使麵團不容易融合。

8

集中成一團，用塑膠膜包起來，再用擀麵棍擀成1㎝的厚度。放進冰箱冷藏。

➜ 使厚度均勻。

9

呈現按壓也不會凹陷的硬度後，便可從冰箱內取出。用切麵刀切成1㎝左右的方形。進行量秤，進行麵團的增減，使每顆重量落在5g左右。

➜ 製成相同大小，避免烘烤不均。

10

用雙手的手掌夾住，搓成圓球狀。

➜ 稍微擠壓排出空氣，一邊搓圓。搓圓的動作如果太緩慢，會導致奶油融化，所以要盡可能快速完成。

11

烘烤【160℃／13～15分鐘】

排放在烤盤上面，預留間隔。用160℃的烤箱烘烤13～15分鐘。

➜ 在接近出爐的時間預先觀察，從已經烤好的先取出，放在鐵網上放涼。

12

最後加工

完全放涼後，放進放有糖粉（70g左右）的攪拌盆裡，裹上糖粉。

➜ 為了維持清爽口感，糖粉輕裹上一層即可。如果在餅乾溫熱的期間裹上糖粉，糖粉會溶解，進而導致糖粉過厚。

13

輕壓糖粉。

螺旋餅乾

為了捲出漂亮的形狀，把麵團錯位重疊，
再以斜切方式切掉邊緣。
輕微烘烤也是重要關鍵。

材料

甜塔皮（P.056）

巧克力塔皮（P.064）…各適量

＊照片中的麵團尺寸是25×23cm、厚度4mm左右，不過，麵團的大小仍可依個人喜好調整。

事前準備（與右頁相同）

1

成形

分別用塑膠膜夾住2種塔皮，用擀麵棍擀成4mm的厚度，放進冰箱冷藏半天。撕掉塑膠膜，切成相同大小。

2

用刷子在巧克力塔皮上面薄刷上一層蛋液。

➡ 蛋液如果塗抹太厚，重疊塔皮時，容易造成塔皮滑動、位移。

3

把甜塔皮放在巧克力塔皮上面，重疊位置錯位1cm左右。

4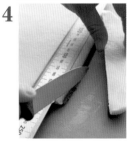

以斜切的方式切掉重疊錯位的另一端。讓巧克力塔皮變得稍微長一點。

5

把塑膠膜鋪在塔皮的下方。用甜塔皮薄刷上一層蛋液。

6

從步驟3錯位重疊的那一端開始，把巧克力塔皮的邊緣往內捲，宛如包覆著甜塔皮那樣，捲成圓形。

7

一邊輕拉塑膠膜，一邊滾圓。滾圓後，一邊往調理台輕壓，一邊往前方拉緊，讓塔皮確實緊密。用塑膠膜包起來，放進冷凍庫放置一晚。

8

烘烤【170℃／15～17分鐘】

切成5mm寬，排放在鋪有透氣烤盤墊（Silpain）的烤盤上。用170℃的烤箱烘烤15～17分鐘。

9

出爐後，用抹刀搬移到鐵網上，放涼。

大理石餅乾

有著細膩大理石紋路和清脆口感的餅乾。
在避免過分揉捏情況下成形，
切成薄片後，撒上砂糖烘烤。

材料
甜塔皮（P.056）
巧克力塔皮（P.064）、
精白砂糖（細粒）⋯ 各適量

事前準備
・製作P.56「水果塔」的甜塔皮、P.064「伯朗」的
　巧克力塔皮。
・烤箱預熱至170℃。

1

成形

把2種塔皮重疊好幾層，用
手掌按壓，讓塔皮緊密貼
合。用切麵刀切成對半。
➡ 亦可使用多餘的塔皮。如果塔
皮會沾黏，就輕拍上手粉。

2

再次重疊，按壓。就這樣重
複2～3次。

3

用拇指按壓塔皮的表面，讓2
種塔皮稍微混合。
➡ 如果揉捏過度，會導致塔皮完全
混合，要多加注意。

4

用手掌滾動，把整體搓成橢
圓形。

5

進一步滾動成圓筒狀，用2
支尺夾住兩側。用手掌的根
部按壓超出尺的部分，把上
方壓平。

6

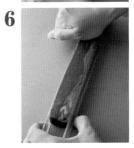

在夾著尺的情況下往前後滑
動，讓底部呈現平坦。上
方就利用與步驟 5 相同的方
式，從上方壓平。重複這樣
的動作幾次，就可以塑造出
美麗的方形。

7

烘烤【170℃／15～17分鐘】

用塑膠膜包起來，在冷凍庫
放置一晚備用。取出切成5
mm寬，撒上精白砂糖。用
170℃的烤箱烘烤15～17分
鐘。

8

出爐後，用抹刀搬移到鐵網
上，放涼。
➡ 可透過甜塔皮的烘烤顏色判斷是
否烘烤完成。

千鳥

用千鳥切模壓模製成的肉桂口味餅乾。
材料配方可以製作出酥脆的美味口感,
但如果揉捏太久就會變硬,所以要多加注意。

材料（約30片）

奶油 … 50g

A
　紅糖 … 40g
　精白砂糖 … 15g
　肉桂粉 … 2.5g
　鹽巴 … 0.5g

全蛋 … 12g

牛乳 … 4g

低筋麵粉 … 100g

糖粉 … 適量

肉桂粉 … 適量

事前準備

・奶油軟化至抹刀可輕易切入的柔軟程度。

・A材料混合備用。

・使雞蛋和牛乳呈現不冷的溫度。

・低筋麵粉過篩。

・烤箱預熱至170℃。

 1

麵團

 把軟化的奶油和**A**材料放進攪拌盆。用攪拌刮刀下壓的方式，均勻混合。

 2

 把全蛋放進另一個攪拌盆，仔細打散，加入牛乳。倒進步驟**1**的攪拌盆裡面，每次倒進一半份量，並在倒入時，用攪拌刮刀加以攪拌。

➜ 一邊用攪拌刮刀的前端按壓攪拌盆底部，一邊攪拌混合，讓材料乳化。參考P.010「乳化」。

 3

 加入過篩備用的低筋麵粉，用攪拌刮刀切割攪拌，直到整體混合均勻。

➜ 參考P.011「重複❶、❷、❸」。

 4

 麵團集結成團之後，用切麵刀刮下沾黏在攪拌刮刀上的麵團，把麵團全部集中到攪拌盆的後方。

 ↓

用攪拌刮刀慢慢把麵團移動到前方。麵團完全移動到前方後，轉動攪拌盆半圈，再次讓麵團移動至前方。重複這樣的動作，直到麵團呈現柔滑狀態。

➜ 參考P.011「使麵團變柔滑（Fraser）」。

 5

集中成一團，用塑膠膜包起來，再用擀麵棍擀成4mm的厚度，放進冰箱冷凍。

➜ 之後要進行壓模，所以要擀成相同厚度。只要把麵團放在2支壓條（厚度4mm）之間，就可以擀出一致的厚度。

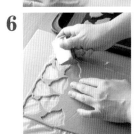 **6**

撕掉塑膠膜，進行壓模。排放在鋪有透氣烤盤墊的烤盤上。

➜ 從邊緣開始壓模，就不會有太多浪費。使用千鳥形的切模。

 7

 ### 烘烤【170℃／17～25分鐘】

把相同比例的糖粉和肉桂粉混在一起，然後用濾茶網撒上。用170℃的烤箱烘烤17～25分鐘。

➜ 濾茶網如果只有糖粉殘留，就再加上肉桂粉。

3

磅蛋糕

Cake

● 磅蛋糕的製法

磅蛋糕有各式各樣的製作方法，我最常使用的是
糖油拌合法（Sugar Batter Method）、麵粉拌油法
（Flour-Batter Method）、分蛋攪拌法3種製作方
法。這本書要介紹用糖油拌合法和麵粉拌油法製作
磅蛋糕的食譜。

● 糖油拌合法

首先，在奶油裡面加入砂糖打發，讓材料充滿大量
空氣後，依序加入雞蛋、麵粉。可以製作出有著蓬
鬆輕盈口感、細緻且入口即化的絕佳質地。希望展
現麵團本身的味道時，我就會使用這種製作方法，
並且不添加任何配料。讓奶油和雞蛋確實乳化是關
鍵所在。
→芝麻黑糖磅蛋糕（P.044）

● 麵粉拌油法

把奶油和麵粉加以混合，製作出膏狀的麵糊，再加
入砂糖，和打發的雞蛋混合。就算加入水分較多的
配料仍不容易分離，所以希望添加水果等配料時，
就會採用這種製作方法。
→蘭姆葡萄磅蛋糕（P.045）

● 分蛋攪拌法

把蛋黃和蛋白分別打發，再加以混合，加入麵粉混
合，最後再混入融化奶油。雖然不容易分離，但訣
竅在於蛋白霜的打發程度，以及麵粉的混合方法，
因此，難度比其他2種製作方法更高。

● 不讓奶油溶解最為重要

製作磅蛋糕等使用奶油的甜點時，最必須注意的關
鍵就是不要讓奶油溶解。為什麼呢？因為奶油一旦
溶解，性質就會改變。固體的奶油是讓油脂分子聚
集，製作出結晶結構。結晶的排列方法有好幾種模
式，市售品都是以讓奶油發揮特性的最佳狀態出貨
（參考 P.177 奶油的三大特性）。可是，奶油溶解之
後，結晶構造就會瓦解，便會失去甜點製作不能欠
缺的奶油特性。

芝麻黑糖磅蛋糕

用糖油拌合法製作的麵糊，有著在嘴裡融化的細膩口感。
在麵糊裡麵混入黑糖，增添濃郁和風味，
撒上大量的白芝麻增添香氣。

材料（7.5×13.5×高度6cm的磅蛋糕模具／2個）

奶油 … 120g	低筋麵粉 … 120g
精白砂糖 … 60g	泡打粉 … 1g
黑糖粉（伊平屋）… 60g	白芝麻 … 約20g
全蛋 … 100g	

事前準備

· 奶油軟化至抹刀可輕易切入的柔軟程度。
· 使雞蛋呈現不冷的狀態，充分打散備用。
· 低筋麵粉和泡打粉混合過篩備用。
· 焙煎白芝麻。
＊鍋子加熱，把手放在鍋子上方，可以感受到溫熱之後，放進白芝麻。白芝麻開始產生香氣，並在鍋裡彈跳時，便可取出放涼。
· 烤箱預熱至170℃。

模具鋪紙

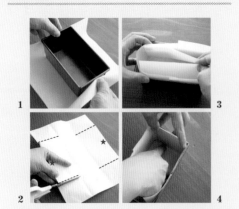

1 把模具放在脫模紙上面，在模具的高度折出折痕，再依加上標記的寬度裁剪。以這種方式裁剪短邊和長邊，把脫模紙裁剪成高度與模具完美符合的尺寸大小。
2 把模具放在紙上，折出模具底部的4個邊的位置，加上標記。在標記略內側的位置加上折疊線（因考量到模具厚度，所以要在略內側折出折疊線）。剪開折疊線（虛線位置）。
3 抓住圖2照片中★的部分往上提，把紙放進模具內。
4 把食指插進模具內側的四個角落，將紙往內壓，製作出完美的邊角。

1 **麵糊**

把軟化的奶油放進攪拌盆。加入混合的精白砂糖和黑糖粉，用攪拌刮刀按壓混合。

2 呈現均勻狀態後，用高速的手持攪拌器攪拌3分鐘左右。
➡ 以畫大圓的方式，把手持攪拌器放在攪拌盆裡面攪拌，充分混合整體。

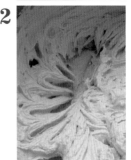

3 加入少量的全蛋，用高速進一步攪拌2分鐘，確實讓材料乳化。剩下的全蛋分成3～4次加入，以相同的方式混合攪拌。可是，如果最後1次攪拌過久，就會造成分離，所以只要稍加混合攪拌即可。
➡ 雞蛋混入之後，混合攪拌至乳化，直到呈現蓬鬆Q彈的狀態為止，然後再接著加入。

4 把混合過篩的低筋麵粉和泡打粉全部加入，用攪拌刮刀混合攪拌約80次。
➡ 攪拌刮刀直立插進麵糊，使用刮刀面，如箭頭般從右往左移動，來到攪拌盆的側面後，往內側翻轉，從底部把麵糊撈起。就這樣重複相同的動作。（參考P.011「直徑混合」）

5

大約攪拌30次之後，狀態就如照片般，沒有半點粉末的感覺。

6

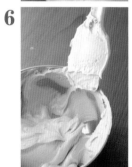

攪拌刮刀上會沾黏粉末結塊，所以攪拌期間要沿著攪拌盆的邊緣把粉末刮下，再用攪拌刮刀的前端混合攪拌，讓麵糊均勻融合。

7

進一步攪拌50次之後，狀態就如照片般，呈現出光澤。

8

在烘焙紙交互重疊的地方塗上少量的麵糊，把紙黏起來。
➡ 這樣一來，把麵糊倒進模具時，紙就不容易倒向內側。

9

分別把一半份量倒進模具，輕微的上下振動，用攪拌刮刀抹平麵糊的表面。

10

烘烤【170℃／30分鐘】

撒上焙煎放涼的白芝麻。用170℃的烤箱烘烤30分鐘。

11

趁熱在調理台上輕輕敲打。

12

從模具裡取出後，在鐵網上放涼。

蘭姆葡萄磅蛋糕

在麵粉拌油法製作的麵糊裡混進大量的蘭姆葡萄。
採用水分較多的配料時，最適合這種製作方法。

材料（8×24×高度6cm的磅蛋糕模具／1個）

奶油 … 120g

A

　| 低筋麵粉 … 120g
　| 杏仁粉 … 20g
　| 泡打粉 … 2g

全蛋 … 100g

精白砂糖 … 80g

蘭姆葡萄*1 … 90g

糖漿*2 … 適量

*1：精白砂糖100g和水75g混在一起煮沸，放入150g的葡萄乾。混入黑色蘭姆酒（Ron Zacapa）60g，浸漬1星期以上。在瀝乾湯汁的情況下量秤。
*2：使用蘭姆葡萄的醃漬湯汁。

事前準備

・奶油軟化至黏糊的柔軟程度。基本上就是用攪拌刮刀輕輕拍打，即可輕易混合的狀態。
・使雞蛋呈現不冷的狀態，充分打散備用。
・A材料混合過篩備用。
・烤箱預熱至170℃。

1

麵糊

用手持攪拌器把蘭姆葡萄打成泥狀。

➡ 也可以先用刀子切碎再打成泥狀。

2

把軟化的奶油放進攪拌盆，用攪拌刮刀混合，使其呈現均勻狀態。

3

把混合過篩的A材料全部加入，用攪拌刮刀混合攪拌，使材料呈現均勻的膏狀。

4

把全蛋和精白砂糖放進另一個攪拌盆混合，一邊隔水加熱，一邊打發。

➡ 砂糖的比例高於雞蛋，所以比較不容易打發，但是，只要把雞蛋加熱，就會比較容易打發。

5

步驟4的材料溫度高於人體肌膚時，即可停止隔水加熱。用高速的手持攪拌器進行3～5分鐘的打發。

➡ 份量較少時，只要稍微傾斜攪拌盆就沒問題了。

6

當麵糊往下滴落，滴落痕跡有明顯殘留時，就改用低速，進一步打發2分鐘。

➡ 因高速攪拌而產生較大氣泡的麵糊，改用低速混合攪拌，使氣泡變小，呈現帶有光澤的狀態。

7

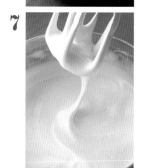

這時麵糊產生光澤，呈現質地細緻的狀態。

8

把步驟3的麵糊倒進步驟7的攪拌盆。

9

用低速的手持攪拌器混合攪拌。確實融合後，改成中速，直到呈現照片中般的光澤為止。

➡ 剛開始攪拌時，糊狀會暫時變稀，但只要進一步持續攪拌，就會乳化。等整體確實融合後，改用中速攪拌，直到產生光澤為止。

10

把步驟1的蘭姆葡萄倒進步驟9的攪拌盆，用攪拌刮刀輕柔的混合。照片中是混合完成的狀態。

➡ 如果攪拌過度就會分離。

11

烘烤【170℃／35～40分鐘】

利用與「芝麻黑糖磅蛋糕」步驟8～9（P.047）相同的方式，把麵糊倒進模具，用170℃的烤箱烘烤35～40分鐘。

12

趁熱用刷子刷上糖漿。稍微降溫後，在調理台上輕輕敲打，從模具裡取出蛋糕，在鐵網上放涼。

4

塔
Tarte

● 甜塔皮和酥脆塔皮

本書使用的塔皮有甜塔皮（Pâte Sucrée）和酥脆塔皮（Pâte Brisée）。甜塔皮帶有甘甜的酥鬆口感，也可用來當成餅乾麵團使用。酥脆塔皮就像派皮那樣，口感清脆、不甜。在運用上並沒有特別嚴格的規範，只要依個人喜好選擇就可以了。我個人則是根據料糊或配料去進行選擇。

● 生菓子塔和燒菓子塔

塔有2種類型，一種是在塔皮上倒入料糊或杏仁奶油餡等材料，烘烤之後再裝飾上新鮮水果或鮮奶油的生菓子塔，另一種則是在塔皮裡面放入配料和料糊或杏仁奶油餡等材料，直接烘烤出爐的燒菓子塔。

●「盲烤」和「填餡烤」

預先單獨烘烤塔皮，然後再倒入料糊或杏仁奶油餡等材料，接著再次進行烘烤，這種預先烘烤塔皮的方式稱為「盲烤（空烤）」。另外，把塔皮鋪在模具裡面，在烘烤之前，先把料糊或杏仁奶油餡等材料倒進塔皮裡面，再把塔皮和內餡一起放進烤箱烘烤的方式，則稱為「填餡烤」。

● 塔皮入模的動作要快速

製作塔的時候，把塔皮放進模具裡的「入模」作業相當重要。為了烘烤出漂亮的形狀，入模時要注意避免塔皮裡的奶油溶解，或是塔皮變薄。

● 不要一口氣擀平

一致性的厚度也相當重要。因此，塔皮要一點一滴慢慢的擀平。如果一口氣擀平，容易造成厚度不均。等到厚度平均之後，再翻到背面，進一步稍微擀平。重複這樣的動作。可是，如果塔皮裡面的奶油溶解，美味的口感就會流失。所以要盡快擀平。

● 勤勞的冷藏塔皮

每次擀平都要把塔皮放進冰箱冷藏，這樣的動作雖然很麻煩，但卻是相當重要的工程。塔皮變溫熱、軟化之後，就算只用一點點力氣，還是能輕易的壓扁塔皮，這樣一來，厚度就會變得不平均。另外，酥脆塔皮如果不冷藏，塔皮就不容易延展，就會在擀平作業上花費更多時間。酷熱季節更是如此，如果塔皮在擀平期間變得太軟，就要放進冰箱冷藏，等確實冷卻之後，再進行下個作業吧！

葡萄塔（→ P.062）、伯朗（→ P.064）、　053

054　柑橘醬酸甜塔（→ P.068）、堅果塔（→ P.072）

賓櫻桃克拉芙緹（→ P.074） 055

水果塔

塔皮採用甜塔皮，再填入卡士達杏仁奶油餡進行烘烤。
鮮奶油和輕奶油餡 2 種豐富的奶油口味，與水果更加對味。

材料（直徑7cm、高度1.8cm的圓形圈模／6個）

● 甜塔皮

奶油 … 50g

杏仁粉 … 13g

糖粉 … 25g

全蛋 … 17g

低筋麵粉 … 85g

● 杏仁奶油餡

奶油 … 54g

精白砂糖 … 45g

杏仁粉 … 54g

全蛋 … 50

● 甜點師奶油餡

牛乳 … 170g

蛋黃 … 20g

精白砂糖 … 25g

低筋麵粉 … 6g

玉米粉 … 3g

● 卡士達杏仁奶油餡

甜點師奶油餡 … 上述份量取100g

杏仁奶油餡 … 上述完成後的全部份量

● 輕奶油餡

甜點師奶油餡 … 上述份量取100g

鮮奶油（乳脂肪含量47％） … 約20g

● 最後加工

糖漿[*1] … 適量

覆盆子果醬 … 適量

鮮奶油[*2] … 適量

當季水果 … 適量

寒天鏡面果膠（P.062） … 適量

[*1]：水和精白砂糖以2：1的比例混合煮沸，精白砂糖溶解後，放涼。

[*2]：使用和P.090「奶油蛋糕」裝飾用鮮奶油相同的八分發鮮奶油。

事前準備

・奶油軟化至抹刀可輕易切入的柔軟程度。

・全蛋或蛋黃充分打散，放置至不冷的狀態。

・甜塔皮的杏仁粉和糖粉過篩備用。

・低筋麵粉全部過篩備用。

・製作甜點師奶油餡（參考P.105～106「泡芙」**27～38**步驟。可是，不需要像泡芙用奶油餡那樣烹煮收乾，所以必須多加注意）。

・製作輕奶油餡（參考P.106～107「泡芙」**39～43**步驟）。

1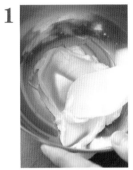

甜塔皮

把軟化的奶油放進攪拌盆，用攪拌刮刀攪拌成均勻狀態。

2

加入混合過篩的杏仁粉和糖粉，用攪拌刮刀按壓攪拌成均勻狀態。

3

把打散的全蛋少量加入步驟2的材料裡面。一邊用攪拌刮刀的前端按壓攪拌盆底部，一邊攪拌混合，讓材料乳化。乳化後，就會像照片那樣，麵糊的邊緣從攪拌盆的側面滑落。

➡ 參考 P.010「乳化」。

4

重複步驟3的動作，把全蛋全部混入，讓材料如照片般，呈現膨脹、確實乳化的狀態。

5

加入低筋麵粉，用攪拌刮刀切割攪拌，直到所有材料集結成團。

➡ 參考 P.011「重複❶、❷、❸」。

6

麵團集結成團之後，用切麵刀刮下沾黏在攪拌刮刀上的麵團，把麵團全部集中到攪拌盆的後方。再用攪拌刮刀慢慢把麵團移動到前方。麵團完全移動到前方後，轉動攪拌盆半圈，再次讓麵團移動至前方。

➡ 參考 P.011「使麵團變柔滑（Fraser）」。

↓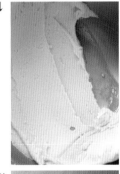

重複相同的動作，直到變得柔滑為止。

7

集結成團，用塑膠膜包起來，再用擀麵棍粗略按壓。

8

把左右的塑膠膜往下折，包住麵團。用擀麵棍將麵團擀成均一厚度，在冰箱裡放置一晚。

9

撕掉塑膠膜，把麵團對折成兩折。

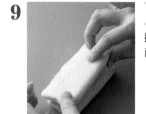

10

用手掌根部往下壓。

11

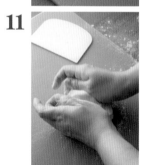

搓揉，使硬度均勻。
➡ 如果硬度不平均，就無法均勻擀壓。

12

在調理台上撒上手粉，把麵團搓成橢圓形。

13

用擀麵棍把麵團往下壓。

14

慢慢用擀麵棍擀壓。擀麵棍不要擀滾至麵團邊緣，在邊緣前方停止。

15

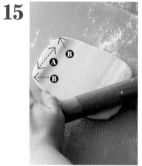

擀麵棍垂直放置，擀壓步驟**14**未擀壓的麵團邊緣。
➡ 先擀壓麵團邊緣的中央（A的部分）。接著，擀麵棍朝斜角擀壓（B的部分）。反方向的邊緣也要以相同方式擀壓。擀壓的時候，注意不要太過用力。

16

重複步驟**14～15**，直到延展出的大小足以按壓出6個圓形圈模為止。
➡ 不要一口氣大幅延展，整體稍微變薄之後，再把麵團的上下或左右顛倒過來，然後再進一步擀壓，重複多次，一點一滴的延展。可是，擀壓的動作要快速，以免麵團內的奶油溶解。

17

麵團變薄之後，欲拿起麵團時，要把麵團捲在擀麵棍上面。
➡ 如果直接抓起麵團翻面，就會導致抓取部位延展，造成厚度不均。把麵團捲在擀麵棍上面時，要在緊貼調理台的情況下捲起，待全部都捲起來之後再拿起來。

18

麵團變得更薄之後，只要用切麵刀把麵團的邊緣抬起，再捲到擀麵棍上面，就不會拉扯到麵團。擀壓出所需要的大小後，放進冷藏庫靜置30分鐘。

19

入模（Fonçage）

甜塔皮用直徑10 cm的圓形圈模壓出圓形塔皮，放在直徑7 cm的塔模上面。
➡ 盡可能對齊塔模和塔皮的中央。

20

抓住塔皮的邊緣，把塔皮推進塔模裡面。在這個階段，不需要完全塞入，僅止於塔皮進入塔模的狀態即可。
➡ 絕對不可以拉扯塔皮。一旦有所拉扯，就會導致塔皮的厚度不均，就無法烘烤出完美的均勻厚度。

21

在塔模的邊緣彎折塔皮（上方照片），然後立起彎折的塔皮（下方照片）。重複這樣的動作，環繞塔模一圈。
➡ 這個時候，同樣也不可以拉扯塔皮。只要重覆彎折、立起的動作即可。

↓

22

用手指把塔皮推向塔模的內側。
➡ 輕輕往內推。不要太過用力，也不可以拉扯塔皮。

23

把手指掐進塔模的邊緣，讓邊緣確實填滿塔皮後。這個時候要注意不要拉扯到塔皮。

24

翻到背面，確認塔模邊緣是否都有確實填滿塔皮後。放進冷藏庫靜置30分鐘。

25

用小型抹刀切掉塔模邊緣的多餘塔皮。
➡ 轉動抓著塔皮的手腕，讓塔皮朝順時間方向轉動，讓小型抹刀宛如從上往下筆直切割一般，就可以完美切除多餘的塔皮。

26

用叉子在底部是刺出幾個小孔（扎小孔）。

27

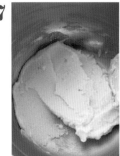

杏仁奶油餡

在軟化的奶油裡加入精白砂糖，用攪拌刮刀按壓攪拌。

28

加入杏仁粉，利用與步驟27相同的方式混合攪拌。

29

在步驟28的攪拌盆裡加入少量的全蛋蛋液。

↓

用攪拌刮刀的前端按壓攪拌盆底部，攪拌混合讓材料乳化。
➡ 參考 P.010「乳化」。

↓

如照片般，麵糊宛如從攪拌盆浮起的時候，就再加入少量的全蛋混合。重複這樣的動作，直到全蛋全部加完為止。
➡ 確實乳化後再加入雞蛋。如果還沒充分混合就加入，就會產生分離。

↓

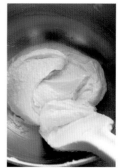

只要整體呈現膨脹、充滿彈性的狀態，就可以停止攪拌。

30

卡士達杏仁奶油餡

把冷卻之後的甜點師奶油餡，用攪拌刮刀混和均勻。再一口氣將杏仁奶油餡加入確實混和，讓材料乳化。
➡ 參考 P.010「乳化」

31

把卡士達杏仁奶油餡裝進裝有口徑10mm圓形花嘴的擠花袋裡面，擠進鋪有塔皮的塔模裡面。
➡ 以畫圓的方式擠出，擠完之後，把擠花袋往正上方拉提。

32

烘烤【170℃／30分鐘】

用170℃的烤箱烘烤30分鐘。趁熱，用刷子抹上大量的糖漿，脫模。

33

倒放在烘焙紙上面，放涼。
➡ 這樣一來，烘烤隆起的卡士達杏仁奶油餡的邊緣就會變得平坦，比較容易裝飾水果。

34

最後加工

把覆盆子果醬裝進擠花袋。待步驟**33**冷卻後，在卡士達杏仁奶油餡的邊緣擠出一圈果醬。

35

把輕奶油餡裝進裝有口徑10mm圓形花嘴的擠花袋裡面，在步驟**34**的中央擠出高度3cm左右的輕奶油。

36

在輕奶油餡的周圍裝飾水果。在水果確實變涼之前，放進冷藏庫。

➡ 以遮蓋住輕奶油餡的方式裝飾水果。為避免水果的邊緣受到擠壓，要小心放置。之所以要放進冷藏庫冷藏，是為了讓之後抹上的寒天鏡面果膠可以馬上凝固。

37

用矽膠刷塗抹上大量滴落的寒天鏡面果膠。

➡ 鏡面果膠一定要放涼後再使用。

38

用手剝除多餘的鏡面果膠。

➡ 寒天鏡面果膠凝固後，就可以用手簡單剝除。

39

把打發的鮮奶油裝進裝有口徑10mm圓形花嘴的擠花袋裡面，輕輕擠放在步驟**38**的中央。放上茴香芹。

擠花袋的製作方法

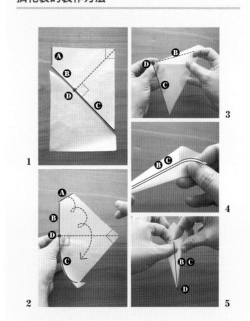

1 把烘焙紙或玻璃紙裁剪成細長長方形，如照片般剪裁成2張。用剪下來的那1張製作1個擠花袋。

2 用左手抓著**D**的位置，用右手抓住**A**的邊，往內捲。

3 這是捲好的樣子。形成以**D**為頂點的圓錐形。

4 這是捲起的圓錐末端。讓**B**和**C**的邊重疊。

5 把邊緣折進內側，使形狀固定。使用的時候，把果醬或鮮奶油放進去，開口折起封住，再將前端剪出缺口，就可擠出。

葡萄塔

加了酸奶油的鮮奶油和水果十分對味。
加了優格的料糊確實烘烤出爐之後，
建議搭配甜瓜或桃子等柔軟的水果。

材料（直徑7cm、高度1.8cm的圓形圈模／9個）
● 甜塔皮
材料與「水果塔」（P.056）相同
蛋液 … 適量

● 優格料糊
全蛋 … 95g
精白砂糖 … 30g
鮮奶油（乳脂肪含量47％）… 160g
優格 … 70g

● 酸奶香緹
酸奶油 … 100g
鮮奶油（乳脂肪含量43％）… 100g
精白砂糖 … 24g

● 最後加工
葡萄* … 適量
寒天鏡面果膠
    寒天 … 1g
    精白砂糖 … 40g
    檸檬汁 … 2g
    水 … 90g
薄荷葉 … 適量

＊需要剝皮食用的品種和可帶皮食用的品種、白葡萄和黑葡萄，混
合準備2～3種。這裡使用的是川燙去皮後使用的巨峰葡萄，以及切
成對半使用，可帶皮食用的長野紫葡萄和晴王麝香葡萄。

事前準備

・製作甜塔皮，入模後放進冷凍庫靜置（參考
　P.057～059「水果塔」步驟1～26）。

・全蛋充分打散，放置至不冷的狀態。

・烤箱在盲烤塔皮之前預熱至170℃，烘烤前預熱
　至160℃。

・酸奶香緹預先做好備用。

＊把酸奶和精白砂糖混合。加入打發八分的鮮奶油，混合。

1

甜塔皮的烘烤準備

把塔皮排放在鋪有矽膠墊的
烤盤上。把烘焙紙切成細長
條，塞進塔皮的內側。

2

準備蛋糕用的耐油性紙盒，
翻面。
➡ 紙盒內側充滿光澤，具強烈的抗
油性。翻面，讓該面與塔皮接觸。

3

把步驟2的紙盒放在塔皮上
面。

4

把壓塔石放進紙盒裡。壓塔
石填滿至塔皮邊緣。
➡ 抓起壓塔石，拇指朝上，讓壓塔
石從小指端滑落，就會比較好裝填。

5

塔皮的盲烤
【170℃／15～20分鐘】

用手指按壓壓塔石，讓壓塔
石遍佈各角落。用170℃的烤
箱盲烤15～20分鐘後取出。
➡ 直到角落都確實的放上壓塔石，
讓塔皮烤出來成為漂亮的直角。

6

拿掉壓塔石、紙盒和烘焙紙，用刷子在塔皮的內側薄刷一層蛋液。

➡ 塔皮不會在料糊的烘烤過程中加熱。所以要趁這個時機刷上蛋液，以增添美味。為避免蛋液塗抹過厚，要先沿著攪拌盆邊緣刮掉刷子上的多餘蛋液後再塗抹。

7

用170℃的烤箱烘烤2～3分鐘，把蛋液烘乾。

➡ 塗抹蛋液後進行烘烤，料糊就不容易滲入塔皮。

8

優格料糊

依序用攪拌刮刀混合材料後，過濾。把盲烤完成的塔皮脫模，將料糊倒進塔皮內，直至塔皮的邊緣。

➡ 出爐後，料糊會下陷，所以要裝填至塔皮邊緣。

9

料糊的烘烤
【160℃／低於15分鐘】

用160℃的烤箱烘烤，時間不超過15分鐘，出爐後，放在鐵網上冷卻。

➡ 試著搖晃看看，只要不再呈現液體狀態就可出爐。從已經烘烤完成的開始取出。

10

酸奶香緹

把酸奶香緹裝進裝有星形花嘴（八齒、8號）的擠花袋裡面，在優格料糊上面擠出直徑3.5cm、高度4cm左右的螺旋狀。

11

最後加工

裝飾葡萄。

➡ Ⓐ是川燙去皮的巨峰葡萄，Ⓑ是切成一半的帶皮長野紫葡萄，Ⓒ是切成一半的帶皮晴王麝香葡萄。以同種類隔著酸奶香緹面對面的方式裝飾。

12

追加擠出高度約1.5cm的酸奶香緹。在葡萄確實冷掉之前放進冷藏庫。

➡ 為了讓之後淋上的寒天鏡面果膠可以馬上凝固，葡萄要先冷卻。

13

把所有寒天鏡面果膠的材料放進鍋裡煮沸。隔著冰水，一邊用矽膠刷攪拌冷卻。

➡ 如果冷卻過度，會導致凝固，所以冷卻至沒有熱度後，就要馬上移開冰水。

14

用矽膠刷把大量滴落的寒天鏡面果膠塗抹在葡萄上面。用手剎除多餘的寒天鏡面果膠，裝飾上薄荷葉。

➡ 只要預先冷卻葡萄，寒天鏡面果膠就能馬上凝固。凝固之後，就可以用手簡單剃除，所以可以淋上大量，不用擔心用量過多。

葡萄的川燙去皮

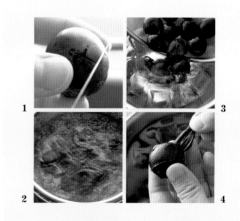

1　用菜刀在葡萄的尾部切出十字刀痕。
2　用鍋子把水煮沸，把步驟1的葡萄放進濾網，在熱水裡浸泡10秒左右。當切出刀痕的部分開始掀開，便可馬上撈起。
3　浸泡冰水。
4　從掀開的地方剝掉外皮。

伯朗（Brown）

可可口味的甜塔皮裡面有加了香蕉的甘納許。
上面則鋪上確實煎烤後裹上寒天的香蕉。
只要再擠上大量的鮮奶油，就是相得益彰的美味。

材料（使用直徑7cm、高度1.8cm的法式塔圈）

● 巧克力塔皮（8個）
奶油 … 100g
糖粉 … 60g
鹽巴 … 1g
全蛋 … 33g
A
　低筋麵粉 … 150g
　杏仁粉 … 20g
　可可粉 … 18g

● 無麵粉巧克力蛋糕體
　（30×30×高3cm的蛋糕捲烤盤1片份量）
黑巧克力（可可含量64%）… 80g
奶油 … 40g
蛋白 … 85g
精白砂糖 … 24g
蛋黃 … 40g

● 焦糖醬（容易製作的份量）
精白砂糖 … 70g
鮮奶油（乳脂肪含量38%）… 150g

● 寒天香蕉（10個）
精白砂糖 … 70g
水 … 50g
奶油 … 7g
香蕉（大）… 2條
A
　寒天粉 … 1g
　精白砂糖 … 40g
　檸檬汁 … 2g
　水 … 90g
威士忌（Chivas Regal）… 2g

● 香蕉甘納許（10個）
黑巧克力（可可含量64%）… 60g
牛奶巧克力（可可含量38%）… 60g
鮮奶油（乳脂肪含量38%）… 106g
香蕉 … 80g
檸檬汁 … 6.5g
威士忌（Chivas Regal）… 6.5g

● 最後加工（8個）
鮮奶油（乳脂肪含量38%）… 100g
鮮奶油（乳脂肪含量47%）… 100g
精白砂糖 … 12g
堅果焦糖（P.072）… 適量
可可粉 … 少量

事前準備
· 奶油軟化至抹刀可輕易切入的柔軟程度。
· 全蛋充分打散，放置至不冷的狀態。
· A材料一起過篩備用。
· 使用板巧克力時，要預先切碎。
· 蛋白放進攪拌盆，在冷藏庫冷藏至邊緣呈現鬆脆狀態
　為止。
· 香蕉、檸檬汁、威士忌放置至不冷的狀態。

用多餘的配料製成玻璃甜點

如果用上述份量製作，就會有多餘的無麵粉巧克力蛋糕體和香蕉甘納許。這時就可以用多餘的配料製作玻璃甜點。無麵粉巧克力蛋糕體撕成個人喜歡的大小，鋪在玻璃容器底部。甘納許和部分打發的鮮奶油混在一起，製成慕斯，倒在蛋糕體上面。再進一步倒進甘納許，擠入鮮奶油。如果有剩餘的焦糖醬、堅果焦糖，就撒在鮮奶油上面，再撒上可可粉，就完成了。

1

巧克力塔皮

製作方法和「水果塔」的甜塔皮製作方法步驟**1～4**（P.057）相同，把奶油、糖粉、鹽巴、全蛋全部混合在一起。加入混合過篩的 A 材料，用攪拌刮刀切劃混合攪拌。

➡ 參考 P.011「重複❶、❷、❸」。

2

麵團集結成團之後，用切麵刀刮下沾黏在攪拌刮刀上的麵團，把麵團全部集中到攪拌盆的後方。再用攪拌刮刀慢慢把麵團移動到前方。麵團完全移動到前方後，轉動攪拌盆半圈，再次讓麵團移動至前方。

➡ 參考 P.011「使麵團變柔滑（Fraser）」。

↓

重複多次相同的動作，直到麵團呈現柔滑狀態。用塑膠膜包起來，在冷藏庫放置一晚。

3

擀壓成1.5～2㎜厚度，放進冷藏庫冷卻。入模，進行盲烤。

➡ 參考「水果塔」步驟19～26（P.059）、「葡萄塔」步驟1～7（P.062～063）。

4

無麵粉巧克力蛋糕體

把烘焙紙鋪在烤盤上面，然後參考「生乳捲」（P.080），在上方再鋪上一層脫模紙。

➡ 因為塔皮比較薄脆，因此，如果脫模紙黏在烤盤底部，撕掉的時候，可能會導致塔皮破碎。為預防萬一，鋪上一層烘焙紙會比較保險一些。

5

把巧克力和奶油放進攪拌盆，隔水加熱溶解，並用攪拌刮刀攪拌混合，使其乳化。

➡ 參考 P.010「乳化」。

6

呈現柔滑狀態後，就可以停止攪拌。直接持續隔水加熱，維持溫熱狀態。

7

把蛋白和精白砂糖放進另一個攪拌盆。用高速的手持攪拌器打發，製作出柔滑具延展性的蛋白霜。

➡ 蛋白放進冷凍庫冷凍，直到邊緣呈現鬆脆狀態為止。

8

把打散的蛋黃倒進步驟**7**的攪拌盆，用手拿著2支手持攪拌器的攪拌葉片攪拌混合。

9

稍作攪拌後，倒進步驟**6**的材料，用攪拌刮刀輕柔混合。

➡ 步驟**6**的材料若是冷卻，不是巧克力會變硬，就是無法充分混合。混合的時候，注意不要壓破氣泡。

10

混合均勻後，倒進烤盤。

11

無麵粉巧克力蛋糕體的烘烤【180℃／15分鐘】

參考「生乳捲」的步驟**13～15**（P.082），抹平材料的表面。用180℃的烤箱烘烤15分鐘。脫模後，在鐵網上放涼，放進冷凍庫冷凍。

12

焦糖醬

精白砂糖焦化，加入鮮奶油。隔著冰水冷卻。照片中是完成的狀況。

→ 參考 P.102「泡芙」焦糖香緹步驟 **1～7**。

13

寒天香蕉

平底鍋加熱，一點一點的放進精白砂糖溶解。精白砂糖完全溶解後，直接煮至焦化。

→ 把手放在平底鍋上面，感受到溫熱後，即可把精白砂糖放進鍋裡。

↓

充分焦化後，關火，加水混合。

14

改用大火，加入奶油溶解。

15

香蕉剝皮後，縱切成對半，切成 5～6 ㎝的長度。倒進步驟 **14** 的鍋子裡，用大火烹煮。香蕉裹上焦糖後，把香蕉翻面。

→ 如果用小火長時間烹煮，香蕉會變得軟爛。因為香蕉容易焦黑，所以偶爾要晃動一下平底鍋。

16

香蕉的邊緣溶解，裹滿焦糖之後，倒進調理盤。

17

用叉子分別把對切成 2 塊的香蕉放進直徑 4 ㎝的多連矽膠模裡面。

→ 香蕉的剖面朝下放入。

18

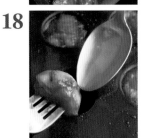

把 **A** 材料混合煮沸。關火後，加入威士忌。再將其倒進步驟 **17** 的香蕉下方。

→ 用叉子把香蕉拿起來，再把寒天液倒入即可。

19

用叉子按壓香蕉，如果步驟 **18** 倒進的寒天液沒有達到矽膠模邊緣，就再進一步添加，直到抵達邊緣為止。完成後，放進冷凍庫冷凍凝固。

20

香蕉甘納許

把 2 種巧克力放進攪拌盆隔水加熱。溶解後，停止隔水加熱，加入少量預先加熱至鍋緣沸騰的溫熱鮮奶油。

→ 趁隔水加熱的期間溫熱鮮奶油。

21

用打蛋器充分混合，直到呈現粗糙狀態。

22

分 2～3 次加入剩餘的鮮奶油，每次加入就用打蛋器攪拌至柔滑程度，確實使其乳化。

23
把香蕉、檸檬汁、威士忌放在一起，用手持攪拌器攪拌成泥狀。倒進步驟**22**的攪拌盆。

24
垂直握持打蛋器，沉穩且快速的混合。

25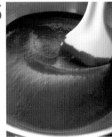
混合完成後，改用攪拌刮刀，確實攪拌乳化，使整體呈現均勻的柔滑狀態。
➡ 參考P.010「乳化」。

26

組合

把焦糖醬裝進擠花袋。在盲烤完成的巧克力塔皮底部擠出螺旋狀。
➡ 參考擠花袋的製作方法（P.061）。

27
用直徑5 cm的壓模，把無麵粉巧克力蛋糕體壓成圓形，鋪在步驟**26**的巧克力塔皮的底部，輕輕按壓，讓蛋糕體和塔皮緊密貼合。
➡ 蛋糕體只要預先冷卻，就會比較容易脫模。

↓

28
把香蕉甘納許倒入巧克力塔皮內，直到接近邊緣的高度，在冷藏庫放置一晚。
➡ 香蕉甘納許冷卻後會下陷，所以要盡可能填滿。

29
把寒天香蕉從多連矽膠模上取下。

30
把**29**的寒天香蕉放在步驟**28**上方。要放置在邊緣，而不是中央。預留之後準備擠鮮奶油的空間。

31
把鮮奶油和精白砂糖放進攪拌盆，攪拌至八分發。裝進裝有星形花嘴（八齒、8號）的擠花袋裡面，擠在步驟**30**上方。

32
在鮮奶油的上面撒上堅果焦糖，用濾茶網篩撒可可粉。裝飾上百里香。

柑橘醬酸甜塔

柑橘醬的隱約酸味和苦味，
和酥脆塔皮、杏仁奶油餡的奶油風味相當速配。
再利用白荳蔻和堅果增添香氣和口感。

材料（直徑18cm、高度3cm的派餅烤模／1個）

● 酥脆塔皮

蛋黃 … 5g

水 … 23g

鹽巴 … 2g

精白砂糖 … 5g

奶油 … 75g

低筋麵粉 … 113g

高筋麵粉 … 3g

● 杏仁奶油餡

奶油 … 60g

精白砂糖 … 50g

杏仁粉 … 60g

全蛋 … 55g

A

　全麥麵粉 … 10g

　低筋麵粉 … 5g

　白荳蔻粉 … 少量

● 酥餅碎

奶油 … 25g

低筋麵粉 … 20g

B

　精白砂糖 … 20g

　全麥麵粉 … 10g

　杏仁粉 … 20g

　白荳蔻粉 … 少量

　鹽巴 … 一撮

杏仁片 … 10g

● 最後加工

柑橘醬（依個人喜好）… 60g

糖粉、開心果 … 各適量

事前準備

· A材料一起過篩備用。

· 開心果用160℃的烤箱烘烤5～6分鐘，切碎。

1

酥脆塔皮

把水倒進蛋黃裡面混合，接著加入鹽巴和精白砂糖溶解混合。在冷藏庫裡冷卻備用。
➡ 如果先放入鹽巴和精白砂糖，蛋黃會產生結塊現象。

2

奶油切成1cm的方條狀，連同低筋麵粉一起放進攪拌盆，抹上粉末。

3

步驟2的奶油沾滿粉末後，移放到調理台，切成1cm的丁塊狀。
➡ 塗滿粉末，再切成丁塊狀，奶油就比較不容易沾黏，也比較容易切。

4

連同低筋麵粉一起放回攪拌盆，再次撒滿粉末。放進冷凍庫確實冷卻。

5

放進食物調理機攪拌。感覺奶油整體都裹滿粉末，呈現淡黃色之後，倒進攪拌盆。

6

把步驟 **1** 的材料全部倒入，用攪拌刮刀快速切劃混合。
➡ 快速混合，讓整體吸滿水分。參考 P.011「重複❶、❷、❸」。

11

用擀麵棍擀壓麵團，每次擀壓約旋轉 30 度。以這種方式，快速的反覆擀壓。
➡ 旋轉的角度太大，或是擀壓力道過大，就會使麵團形成正方形。

7

等到看不見液體後，用指尖交互搓揉。不需要混合到成團為止，只要沒有鬆散的粉末狀就可以了。

12

麵團變薄之後，轉動麵團時，要多加小心，注意不要弄破麵團，同時，擀麵棍要覆蓋全體，使厚度均等。中途偶爾要把麵團翻面擀壓。另外，為避免麵團沾黏在擀麵棍或調理台上面，要撒上少量的手粉（高筋麵粉）。
➡ 翻面的方法參考 P.058～059「水果塔」步驟 **17**～**18**。
➡

8

移放到塑膠膜上面，包起來，集中成一塊。

↓

9

用擀麵棍擀壓成 2 cm 左右的厚度。放進冷藏庫放置一晚。
➡ 放置期間，粉末會吸收水分，溶入整體，使作業更加容易。

13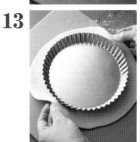

擀壓至直徑 28 cm 左右的大小。放進冷藏庫冷卻 30 分鐘以上。
➡ 酥脆塔皮容易收縮，所以要擀壓大一點。把麵團放在模具上面，把兩端往上提起時，只要大小比模具邊緣多出 2 cm 左右，就是最適當的大小。

10

擀壓

把酥脆塔皮的邊緣朝調理台輕壓，將麵團製成圓形。

14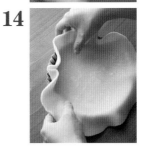

入模（Fonçage）

把塔皮放在模具上面，立起塔皮的邊緣，把塔皮放進模具裡面。
➡ 入模時，注意不要拉扯塔皮。剛開始只要粗略放置就可以了。

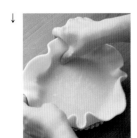

↓ 入模完成的狀態。

↓ 把模具旋轉30度左右，以相同的方式擀壓。重複這樣的動作1～2次。

➡ 如果把擀麵棍擀壓至模具前方或後方，就會發生模具翻覆的情況。如果把擀麵棍平貼在模具上面，每次旋轉模具30度，並重複擀壓3～4次，就可以完整擀壓模具一圈。

15 在塔模的邊緣彎折塔皮（上方照片），然後立起彎折的塔皮（下方照片）。重複這樣的動作，環繞模具一圈。

➡ 如果把塔皮往模具內下壓，就會使塔皮變薄。這裡只需要做出彎折、立起的動作就好。

18 去除多餘的塔皮。

↓ 在與模具邊緣緊貼的位置（手指指出的地方）彎折塔皮，就是完美入模的重點。

19 用手指平貼模形的邊緣，讓塔皮緊貼在模具側面。

➡ 這個時候，也不可以按壓塔皮，僅止於平貼即可。

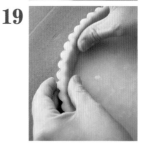

16 把多餘的塔皮倒向模具外側。

20 拿起模具，用食指的側面輕按塔皮，擠出塔皮和模具之間的空氣。

➡ 以塔皮稍微比模具邊緣高出一點的力道按壓。

17 把擀麵棍平貼在模具中央（照片裡的虛線部分）擀壓。

21 用叉子在底部的各處刺孔（扎小孔）。放進冷凍庫直到塔皮變硬為止。塔皮變硬後，暫時從模具中取出塔皮，拿掉模具的底，再把塔皮放回模具裡面。

➡ 盲烤的時候，就算沒有卸除模具底也沒關係。

22

杏仁奶油餡

參考「水果塔」杏仁奶油餡的步驟**27**～**29**（P.060），把A以外的材料混合。

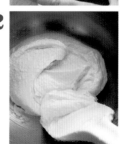

23

加入混合過篩的 A 材料混合攪拌。

24

麵糊集結成團之後,用切麵刀刮下沾黏在攪拌刮刀上的麵糊,把麵糊全部集中到攪拌盆的後方。再用攪拌刮刀慢慢把麵糊移動到前方。麵糊完全移動到前方後,轉動攪拌盆半圈,再次讓麵糊移動至前方。

➡ 參考 P.011「使麵團變柔滑（Fraser）」。

↓

呈現柔滑狀態後,便可停止攪拌。

25

酥餅碎

奶油利用與製作酥脆塔皮時的相同步驟,切成 1 cm 丁塊狀,連同低筋麵粉一起放進冷凍庫,直到變硬為止。連同 B 材料一起放進食物調理機攪拌。

26

用手捏碎杏仁片。

27

把步驟 26 的杏仁片混入步驟 25 的材料裡面。在這種狀態下,就可進行冷凍保存。

28

組合

把透氣烤盤墊鋪在烤盤,放上入模成形的酥脆塔皮。加入 ⅔ 份量的杏仁奶油餡,用攪拌刮刀攤鋪至塔皮邊緣,抹平表面。

29

把柑橘醬攤鋪在中央,再倒進剩下的杏仁奶油餡。用攪拌刮刀抹平表面。

➡ 杏仁奶油餡和柑橘醬有些許混合也沒有關係。

30

烘烤【170℃／35～40分鐘】

把酥餅碎攤鋪至各個角落,用 170℃ 的烤箱烘烤 35～40 分鐘。

➡ 沒有酥餅碎的地方,會出現焦黑的情況。

31

脫模,放到鐵網上冷卻。熱度消退後,用濾茶網篩撒糖粉。

32

撒上烘烤切碎的開心果。

堅果塔

在甜塔皮裡面填滿杏仁奶油餡，
再鋪上大量的各式堅果烘烤而成。
依堅果的硬度改變切割大小，享受痛快的酥脆口感。

材料（直徑18cm、高度2cm的法式塔圈／1個）
● 甜塔皮
材料與「水果塔」（P.056）相同

● 杏仁奶油餡
奶油…54g
精白砂糖…45g
杏仁粉…54g
全蛋…50g
低筋麵粉…13g

● 糖衣堅果
精白砂糖…30g
水…10g
杏仁（顆粒）…15g
榛果（顆粒）…15g
開心果…15g

● 焦糖堅果
精白砂糖…100g
水…75g
胡桃…30g
核桃…30g

● 最後加工
開心果…適量

事前準備
・製作甜塔皮（參考P.057～058「水果塔」步驟**1～8**）。
・壓甜塔皮，入模（參考P.069～070「柑橘醬酸甜塔」步驟**10～21**），放進冷凍庫靜置30分鐘。
・製作杏仁奶油餡（參考P.060「水果塔」步驟**27～29**）。
・全蛋充分打散，放置至不冷的狀態。
・烤箱預熱至170℃。

1

堅果的事前處理

榛果和杏仁稍微烘烤備用（170℃，5～10分鐘）。胡桃、核桃、開心果、杏仁切成對半，榛果切成4等分備用。

2

糖衣堅果

把精白砂糖和水放進小鍋加熱至117℃，製作成糖漿。把堅果放進另一個鍋子，倒進烹煮好的糖漿。用木杓攪拌直到糖漿呈現白色結晶化。
➡ 堅果的溫度如果比較冰涼，糖漿會冷卻凝固成糖狀。可以使用剛烘烤完成的溫熱堅果，或是在凝固後，用中火加溫攪拌。

↓

3

焦糖堅果
【170℃/10～15分鐘】

把精白砂糖和水放在一起煮沸，製作成糖漿。把堅果放進糖漿內浸漬一晚。瀝乾糖漿，把浸泡一晚的堅果攤在鋪有烘焙紙的烤盤上，並用170℃的烤箱烘烤10～15分鐘。

4

組合

把透氣烤盤墊鋪在烤盤，放上入模成形的甜塔皮。用攪拌刮刀填滿杏仁奶油餡，直至模具的邊緣。

➡ 在攤鋪的同時排出空氣，避免產生縫隙。

5

以等距間隔，把焦糖堅果塞進杏仁奶油餡裡面。

➡ 焦糖堅果露出表面，容易造成焦黑，因此，務必埋進杏仁奶油餡裡面。

6

在步驟 **5** 的堅果縫隙之間，鋪滿糖衣堅果。全部鋪完之後，用手掌輕壓，讓堅果與杏仁奶油餡結合。

➡ 均勻排放各種種類的堅果，讓塔不管怎麼切，都可以吃到所有種類的堅果。糖衣堅果之所以不埋入，是因為糖衣會因為烘烤而輕微焦化。

7

烘烤【170℃／40分鐘】

用170℃烘烤40分鐘。直接在烤盤上脫模，放著冷卻。冷卻後，用濾茶網篩撒糖粉。

賓櫻桃克拉芙緹

賓櫻桃用烤箱烘烤後，甜味和酸味會更加鮮明，變得更加美味。
盛產季節請務必試著使用新鮮的賓櫻桃。

材料（直徑18cm、高度3cm的派餅烤模／1個）
● 酥脆塔皮
材料與「柑橘醬酸甜塔」（P.068）相同
全蛋 … 適量

● 配料
賓櫻桃 … 約23顆

● 料糊
全蛋 … 90g
精白砂糖 … 60g
玉米粉 … 5g
鮮奶油（乳脂肪含量47％）… 120g

● 最後加工
糖粉 … 適量

事前準備
・製作酥脆塔皮、壓、入模（參考P.068～070「柑
　橘醬酸甜塔」步驟**1～21**）。
・烤箱在盲烤酥脆塔皮之前預熱至200℃，配料烘
　烤之前和料糊烘烤之前，預熱至170℃。
・全蛋充分打散，放置至不冷的狀態。
・鮮奶油放置至不冷的狀態。

1

盲烤❶
【200℃／15～20分鐘】

在酥脆塔皮上面鋪上烘焙
紙，放進壓塔石直到與模具
相等的高度。

➡ 烘焙紙可以重複使用，只要取使
用過的烘焙紙來用即可。

2

用手按壓，讓模具的所有角
落都佈滿壓塔石。用200℃的
烤箱盲烤15～20分鐘。

➡ 如果只是單純放置壓塔石，塔皮
的邊緣會浮起，便只能放入少量的
料糊。因此，為了讓壓塔石遍佈整
個角落，用手按壓的動作便顯得格
外重要。

3

出爐後，馬上拿掉壓塔石和
烘焙紙。趁塔皮溫熱的時
候，用刷子在塔皮內側薄刷
上一層打散的全蛋蛋液。

➡ 塗抹蛋液時，要沿著攪拌盆的邊
緣刮掉多餘蛋液，避免塗抹上過厚
的蛋液。

4

盲烤❷
【200℃／3～5分鐘】

再次把塔皮放進烤箱，烘烤
3～5分鐘，直到呈現酥脆且
有光澤的狀態。

➡ 倒進料糊烘烤時，塔皮不會受
熱。因此要在這個階段烘烤出美味
狀態。

5

配料的烘烤【170℃／15分鐘】

賓櫻桃沿著種籽周圍入刀，
繞行一周後扭轉刀柄，把果
實切成兩半，挖出種籽。把
賓櫻桃的剖面朝上，排放在
鋪有烘焙紙的耐熱盤上面，
用170℃的烤箱烘烤15分鐘
左右。

➡ 注意避免烤焦，烘烤至種籽部分
的果汁凝固為止。

6

料糊

用攪拌盆打散全蛋，加入精
白砂糖，用打蛋器攪拌混
合。玉米粉過篩混入。最後
再加入鮮奶油混合，過濾。

➡ 會有玉米粉的結塊殘留，所以務
必要過濾去除。

7

最後加工

把用烤箱加熱的賓櫻桃排放
在酥脆塔皮內，並倒入料
糊，直到模具的邊緣為止。

➡ 賓櫻桃的剖面朝上排列。

8

烘烤【170℃／20～30分鐘】

用濾茶網篩撒糖粉，用170℃
烘烤20～30分鐘。

➡ 撒上糖粉，比較容易產生焦色。

9

直接放在烤盤上冷卻，放進
冷藏庫，確實冷卻後再品嚐。

5

海綿蛋糕

Génoise et Biscuit

● 海綿蛋糕的2種製法

本書將介紹用全蛋攪拌法製作的傑諾瓦士（Génoise）麵糊，以及分蛋攪拌法製作的彼士裘伊（Biscuit）麵糊。兩種製法的主要材料都是雞蛋、麵粉、砂糖，而製作方法的最大差異在於雞蛋的處理方式。全蛋攪拌法是在全蛋打發的時候加入麵粉；分蛋攪拌法則是把蛋黃和蛋白個別打發，然後再加以混合，加入麵粉。用全蛋攪拌法製作的傑諾瓦士麵糊可烘烤出濕潤口感；分蛋攪拌法製作的彼士裘伊麵糊則有著鬆軟口感。

● 傑諾瓦士麵糊的雞蛋務必隔水加熱

全蛋因為含有蛋黃，所以會比單純的蛋白更難打發，因此，要先隔水加熱至40℃後再打發。因為溫熱之後，表面張力會鬆弛，就可以更容易打發。順道一提，雞蛋越新鮮，表面張力越強，就越不容易打發。加溫後打發和非加溫打發的情況相比，加熱後打發比較蓬鬆且較具份量，也可明顯看出雞蛋所含有氣泡量較多。所以，請務必一邊隔水加熱，一邊進行打發。

● 增加體積，調整質地

傑諾瓦士麵糊的全蛋進行打發時，手持攪拌器的速度先採用高速，確實增加體積。當雞蛋充滿大量氣泡後，就改用低速調整質地。高速打發的雞蛋裡面含有大小各不相同的氣泡。大氣泡容易破裂，若是放置不理，麵糊的體積就會逐漸減少。所以之後要用低速慢慢打發，使氣泡變成細膩且均一的大小，製作出不容易塌陷的麵糊。

● 彼士裘伊麵糊使用冰冷的蛋白

製作彼士裘伊麵糊的時候，最重要的事情就是確實打發蛋白，製作出帶有挺立勾角，膨脹且份量十足的蛋白霜。因此，蛋白要預先冷藏。冰冷的蛋白雖然要花較長的時間才能打發，但卻可以製作出氣泡較為細緻且不容易破裂的蛋白霜。

另外，和蛋黃混合的時候，動作要快速；和粉末混合的時候，動作要輕柔，盡可能避免弄破氣泡。如此便可製作出形狀維持性較佳的麵糊，在形狀不變的狀態下完美出爐。

078 生乳捲（→ P.080）

生乳捲

鮮奶油和蛋糕在嘴裡融化的生乳捲。
重點在於全蛋確實打發,製作出質地細膩的氣泡。
注意不要烘烤過頭,製作出濕潤、入口即化的蛋糕吧!

材料(30×30×高度3cm的蛋糕捲用烤盤／1片)

● 傑諾瓦士麵糊

全蛋 … 180g
精白砂糖 … 90g
低筋麵粉 … 83g
牛乳 … 30g

● 內餡用鮮奶油

鮮奶油(乳脂肪含量38%) … 80g
鮮奶油(乳脂肪含量47%) … 80g
精白砂糖 … 13g

● 組合

糖漿* … 20g
櫻桃酒 … 2g
糖粉 … 適量

＊水和精白砂糖以2:1的比例混合煮沸,精白砂糖溶解後,放涼。

事前準備

· 全蛋打散,放置至不冷的狀態。
· 低筋麵粉過篩備用。
· 牛乳放置至不冷的狀態。
· 糖漿和櫻桃酒混合備用。

1

傑諾瓦士麵糊

把打散的全蛋倒進攪拌盆,加入精白砂糖。隔水加熱,用打蛋器攪拌混合,一邊加熱。

➡ 全蛋的溫度如果過高,氣泡就會變粗。

2

用高速的手持攪拌器打發。剛開始的份量比較少,所以打發時要把攪拌盆傾斜。

3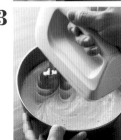

份量增多之後,把攪拌盆平放,以畫大圓的方式,用手持攪拌器持續打發。

➡ 手持攪拌器在攪拌盆內畫3次大圈後,就把攪拌盆往內旋轉1圈。採用這種手持攪拌器和攪拌盆都有轉動的方式,就可以更加均勻的打發。

把紙鋪在烤盤上

1 把脫模紙平放在烤盤下方,以烤盤的高度折疊脫模紙,折出折痕。依照折出的長度、寬度進行剪裁,把脫模紙裁成高度符合烤盤的大小。
2 把紙放進烤盤,用指尖沿著底部的4邊壓出壓痕。
3 在紙的四個角落剪出傾斜的切口。
4 把紙放回烤盤,使單邊的兩端都在內側或是都在外側,相互重疊。如此一來,出爐後的蛋糕體就比較容易從脫模紙上剝離。
5 再次用手指沿著烤盤底部的4邊按壓,把脫模紙鋪至烤盤的角落。最後,把手指插進烤盤的角落,確實做出明顯的折痕。

4

如果材料滴落後，滴落痕跡馬上消失（上方照片），就要再進一步打發。滴落時，如果有明顯的痕跡殘留，便可結束作業（下方照片）。從步驟 **2** 開始的打發時間總計大約是 3～5 分鐘左右。

➡ 隔水加熱時（**1**），如果雞蛋的溫度太低，或是之後的打發作業中，手持攪拌器的動作速度較為緩慢的話，就需要花費 5 分鐘以上的時間。作業時間僅供參考。請仔細觀察狀態進行判斷。

↓

5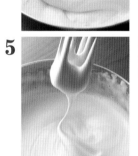

改用低速，進一步打發 2～3 分鐘，直到呈現光澤，使氣泡變得細緻。

6

過篩備用的低筋麵粉分 2 次加入（上方照片），每次加入時，用攪拌刮刀快速撈取混合（下方照片）。直到看不到粉末即可停止混合作業（右上照片）。

➡ 只使用攪拌盆前方的左半部，把攪拌刮刀插進攪拌盆底部，往上撈取混合。動作要輕柔，避免壓破氣泡，並快速混合，避免產生結塊。用攪拌刮刀深入攪拌盆底部時，刮刀會有沉重的感覺，當麵末確實混合後，刮刀的重量就會變輕。參考 P.011「半徑混合」。

↓

↓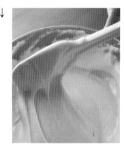

7

當攪拌的手感變輕後，就開始讓攪拌刮刀沿著攪拌盆繞行一圈，直接藉由這樣的流動翻攪麵糊，並確認是否有粉末殘留。

8

把牛乳放進另一個攪拌盆，用攪拌刮刀撈取少量步驟 **7** 的麵糊加入（上方照片）。用手持攪拌器的攪拌葉片充分混合（下方照片）。

➡ 牛乳加入少量麵糊後，比重會變輕，混合麵團時就不容易下沉。攪拌的次數也會比較少，而且不容易壓破氣泡。把麵糊加進牛乳裡面時，如果攪拌刮刀前端有粉末結塊沾黏，就沿著攪拌盆的邊緣刮下，再將其混進麵糊裡。

↓

9

輕柔的把步驟 **8** 的材料倒進步驟 **7** 的攪拌盆裡。

➡ 為避免氣泡破裂，要利用攪拌刮刀加以緩衝。

10

↓

用攪拌刮刀輕柔混合。首先，把攪拌刮刀插進麵糊裡面，如箭頭般，從右往左移動，同時用左手把攪拌盆往前方轉動半圈（上方照片）。接著，用攪拌刮刀撈取麵糊（下方照片），順著撈取的手勢，讓攪拌刮刀回到原本的位置。

➡ 加入牛乳後，氣泡特別容易消失，所以要盡可能以較少的次數輕柔混合。

11

重複步驟**10**的動作10～15次，直到整體呈現均勻狀態。

12

烘烤【190℃／10分鐘】

把脫模紙鋪在烤盤上，倒入傑諾瓦士麵糊。

13

用切麵刀把麵糊攤開。

➡ 切麵刀垂直抓握，沿著烤盤分成四等分的線條，插進麵糊裡面。這個時候，切麵刀的一端要對齊烤盤的中心（上方照片）。以宛如讓切麵刀往烤盤角落旋轉半圈的方式，攤開麵糊（下方照片）。最後讓切麵刀的一端平貼至烤盤的角落，讓麵糊確實來到烤盤角落（右上照片）。其他3個角落也要重複相同的動作。

↓

↓

14

切麵刀平放，把每一邊的表面抹平。

➡ 採用拇指在上方的方式，比較容易讓切麵刀平放。另外，讓切麵刀的角與烤盤貼平，就可以連邊緣都完美抹平。

15

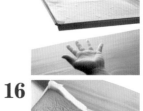

讓烤盤輕輕落在手掌上數次，排出較大的氣泡。

16

用190℃烘烤10分鐘。出爐後，馬上從烤盤中取出，放涼。

➡ 試著用手掌按壓看看，只要能感受到彈力，便代表烘烤完成。如果直接在烤盤上放涼，麵糊會被悶蒸，導致蛋糕更加濕潤。

17

放涼後，把傑諾瓦士蛋糕側面的脫模紙撕開。

➡ 蛋糕很軟，撕開時要注意避免蛋糕裂開。

18

在上方鋪上一張比傑諾瓦士蛋糕稍大的脫模紙。

19

↓

把鋪在模具底部的脫模紙的邊緣，和步驟**18**鋪在上方的脫模紙的邊緣一起抓著（上方照片），快速舉起，將蛋糕翻面（下方照片）。

➡ 不要用手碰觸柔軟的蛋糕，只要抓著紙抬起，就可以把蛋糕翻面。

20

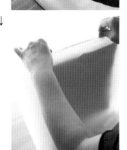

撕開模具底部的脫模紙。把雙手伸進蛋糕的下方（照片），快速舉起，再次把蛋糕翻面。

21

用矽膠刷把加了櫻桃酒的糖漿輕輕拍打在表面（櫻桃酒糖漿）。

➡ 因為是濕潤的蛋糕，所以不需要拍打太多。

22

鮮奶油餡

把乳脂肪含量38%的鮮奶油和精白砂糖放進攪拌盆。隔著冰水，用手持攪拌器打發至七分發。

➡ 剛開始先用中速攪拌打發，等到產生濃度（稠度）後，再改成高速，鮮奶油就不容易飛濺。

23

加入乳脂肪含量47%的鮮奶油。

24

用手拿著手持攪拌器的攪拌葉片，把整體拌勻。用高速的手持攪拌器打發，直到滴落痕跡會馬上消失的柔軟程度（打發6～7分）。直接隔著冰水放置備用。

25

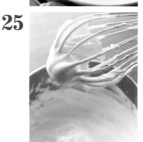

塗抹在蛋糕之前，先用打蛋器攪拌至適中的硬度。硬度的標準是撈起之後，會停留在打蛋器的鋼絲上。

26

塗抹鮮奶油

把鮮奶油倒在蛋糕的中央。

27

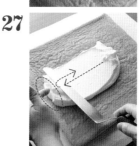

首先，用抹刀把鮮奶油往左抹。

➡ 蛋糕邊緣留下1cm左右的空間（照片中圈起來的部分）。

↓

➡ 把左邊緣的鮮奶油（上方照片圈起來的部分）推往相反方向。與上方照片相同，在蛋糕邊緣留下1cm的空間，然後再把抹刀往回推，朝中央抹平鮮奶油。

28

往右上方塗抹。

➡ 把沾在抹刀上的鮮奶油推到蛋糕的邊緣，直接順著塗抹的方向，輕輕滑開抹刀，在滑開的瞬間，在快到邊緣的時候往內側返回，只要掌握塗抹的技巧，鮮奶油就不容易滴落。鮮奶油滑動或是返回的速度太緩慢，就會導致鮮奶油滴落到蛋糕外面。

29

往右下方塗抹。

↓

30

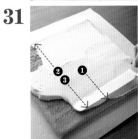

往中央上方塗抹。

35

撕開脫模紙，用指尖確實把蛋糕壓圓。

31

往中央下方塗抹。之後，再朝左上方、左下方塗抹。

36

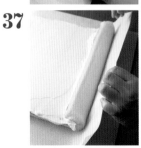

再次抓著脫模紙的邊緣，把脫模紙往內拉，使蛋糕包覆得更緊密，同時把蛋糕稍微搓圓。

32

最後，用抹刀抹平整體。
➜ 抹刀大幅移動，大範圍的抹平。

37

撕開脫模紙（上方照片），用指尖確實把蛋糕壓圓（中～下方照片）。
➜ 捲到第2～3條切口的時候，正好是蛋糕捲滿1圈的狀態。

33

~~~~~~~~~~~~~~~~~~~~~~~~~~~~~~~~~~
捲蛋糕
~~~~~~~~~~~~~~~~~~~~~~~~~~~~~~~~~~

用小刀在蛋糕的前方，以1cm的間隔，切出深度數mm的切口。

↓

34

把脫模紙的邊緣往上提（左方照片），在第1條切口彎折下壓（右方照片）。
➜ 把這裡下壓的地方當成軸心，開始往內捲。

↓

38

抓著脫模紙的邊緣，往內拉，一口氣把蛋糕滾成圓形。

➡ 脫模紙不要往上抬。隨時注意緊密的狀態，確實拉緊，以免產生縫隙，同時與底部維持平行。

42

切割

每次切割時，只要先把鋸齒片刀浸泡熱水加溫，然後確實把水分擦掉後再使用，鮮奶油或蛋糕就不容易沾黏刀身，同時可以切出完美的剖面。

↓

43

把蛋糕的邊緣切掉。用尺測量，用小刀在每隔3.5cm的地方劃出略淺的切痕。

39

蛋糕捲好之後，用脫模紙確實緊縮蛋糕，讓蛋糕和鮮奶油緊密貼合。

44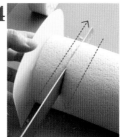

把麵包刀平貼在剖面，一邊在步驟**43**切出的切痕入刀。

➡ 從刀尖入刀，一邊大動作的推切，來到刀根之後，大動作的往內拉切。往返1～2次，便可切下1塊。

40

拿掉脫模紙，滾動蛋糕，讓蛋糕和鮮奶油緊密貼合。如果感覺有些鬆弛，就一邊往內拉，重新捲緊一點。

45

挪動切好的蛋糕時，只要把麵包刀平貼在剖面，然後把抹刀插進下方，就可以毫髮無傷的挪動。只要用手指稍微扶著即可，不能施力過猛，以免在蛋糕上面留下指痕。

↓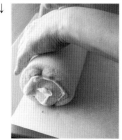

滾到脫模紙的邊緣，讓捲邊的尾端朝下。

41

用脫模紙捲起來，扭轉左右兩側，把蛋糕密封起來。捲邊的尾端朝下，在冷藏庫放置1小時左右，讓蛋糕和鮮奶油相互融合。

➡ 把捲邊的尾端朝下，讓蛋糕的邊緣更密合，形狀更漂亮。

水果蛋糕捲

蛋黃和蛋白分別打發後,混合製成的彼士裘伊麵糊清爽不膩。
剛出爐的口感最受人喜歡。如果在烘烤之前撒上較多糖粉,
捲蛋糕的時候就可能會破裂,要多加注意。

材料(30×30×高度3cm的蛋糕捲用烤盤/1片)
● 彼士裘伊麵糊
蛋黃 … 60g
精白砂糖A … 30g
蛋白 … 120g
精白砂糖B … 60g
低筋麵粉 … 90g

● 組合
糖漿*1 … 40g
櫻桃酒 … 2g
鮮奶油餡
材料與「生乳捲」(P.080)相同
水果*2 … 適量

*1:水和精白砂糖以2:1的比例混合煮沸,精白砂糖溶解後,放涼。
*2:準備個人喜愛的水果。這裡使用奇異果、草莓、橘子,切成約1cm的丁塊使用。

事前準備

・低筋麵粉過篩備用。
・糖漿和櫻桃酒混合備用。
・鮮奶油打發(參考P.083「生乳捲」步驟22~25)。
・在烤盤上面鋪上脫模紙(參考P.080)。

➡ 蛋白放進攪拌盆,在冷藏庫冷藏至邊緣呈現鬆脆狀態為止。蛋白確實冷卻後,雖然不容易打發,但卻可以打發出不容易破裂的氣泡。

1

彼士裘伊麵糊

把蛋黃和精白砂糖A放進攪拌盆,用手拿著手持攪拌器的攪拌葉片攪拌材料。
➡ 全蛋的溫度如果過高,氣泡就會變粗。

2

用高速的手持攪拌器,把步驟1的材料打發至白濁。混合途中,只要明顯出現手持攪拌器的條紋,就可以停止打發。
➡ 讓蛋黃充滿大量氣泡,使比重趨近於蛋白霜,就比較容易混合。

3

在邊緣冰凍至鬆脆狀態的蛋白裡面,放入一撮精白砂糖B。用高速的手持攪拌器持續打發至呈現白色。剩下的精白砂糖要在之後分3次加入。
➡ 只要把攪拌盆傾斜打發即可。

4

把剩下的精白砂糖B中的⅓量加入(加入第1次精白砂糖的時機)。

5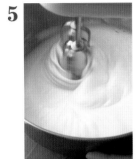

用高速打發，直到質地變均勻。

6

進一步加入 ⅓ 量的精白砂糖，用高速打發（加入第 2 次精白砂糖的時機）。

7

呈現柔軟的下垂勾角（上方照片）時，就可以把剩下的精白砂糖全部放入（下方照片，加入第 3 次精白砂糖的時機）。

↓

8

高速打發。當蛋白開始在攪拌盆中央聚集隆起，像是從攪拌盆的表面開始浮起時，就可以停止打發。

➡ 精白砂糖全部加入後，蛋白霜會變得厚重，不容易打發。只要把攪拌盆往內轉，手持攪拌器以畫小圓的方式，在攪拌盆的半圓上移動，就會比較容易打發。

↓

呈現短且挺立的勾角。

9

把步驟 2 的蛋黃全部倒進步驟 8 的蛋白霜裡面，用攪拌刮刀快速撈取攪拌。

➡ 在攪拌盆的半徑上，把材料往上撈取，以高速的步調混合。同時，把攪拌盆往內轉動。如果不快速攪拌，材料裡面會有蛋白霜的結塊殘留。參考 P.011「半徑混合」。

10

如果蛋黃沒有充分混合，或是有蛋白霜的結塊，就單獨針對該部分，使用攪拌刮刀的前端混合。

➡ 如果持續混合整體，氣泡會破裂，材料就會塌陷。

11

加入一半份量過篩的低筋麵粉，用攪拌刮刀撈取攪拌。

↓

完全沒有粉末之後，停止攪拌。

12

在還有粉末殘留的時候（上方照片），加入剩下的低筋麵粉（下方照片）。
➡ 注意不要攪拌過度。

↓

14

把彼士裘伊麵糊倒進鋪有脫模紙的烤盤中央。

15

把表面抹平（參考P.082「生乳捲」烘烤步驟**13~15**）。

13

用攪拌刮刀仔細撈取攪拌。
➡ 攪拌刮刀從攪拌盆的右上朝左下筆直移動，碰到攪拌盆的側面後，扭轉手腕往上撈取，回到開始攪拌的起點。重複這樣的動作，以盡可能少的次數混合。參考P.011「直徑混合」。

↓

↓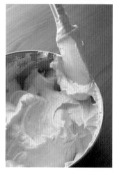

粉末粗略混合後，利用攪拌盆的邊緣，把沾黏在攪拌刮刀上的麵糊刮下，使用攪拌刮刀的前端，壓平麵糊，確認刮下的麵糊裡面是否有結塊。如果有，就用攪拌刮刀的前端按壓，將其混進麵糊裡面。

16

篩撒糖粉（左方照片）。篩撒的糖粉幾乎溶解後（右方照片），再次篩撒。
➡ 就算仍有些許未溶解的部分，只要撒過第2次糖粉就夠了。

↓

21

參考「生乳捲」步驟**33～41**（P.084～085）把蛋糕捲起來，放進冷藏庫冷藏後，再進行切塊。

➡ 因為表面鬆脆，比較容易裂開，所以要一口氣捲起來。

17

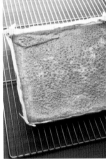

烘烤【200℃／10分鐘】

用200℃烘烤10分鐘，放在鐵網上冷卻。

➡ 為維持鬆軟口感，要放在鐵網上冷卻，避免悶蒸。

18

組合

參考「生乳捲」步驟**19～20**（P.083），把蛋糕翻面，撕掉底部的脫模紙。用矽膠刷輕輕拍打上混了櫻桃酒的糖漿。

19

參考「生乳捲」（P.083～084）步驟**26～32**，把鮮奶油塗抹在蛋糕上面。前方預留數cm的空間，然後排放上水果。用抹刀輕輕按壓水果，讓水果和鮮奶油緊密貼合。

20

用小刀在蛋糕的前方，以1cm間隔，切出3條深度數mm的切口。

奶油蛋糕

加了蜂蜜和蛋黃的傑諾瓦士麵糊宛如濕潤的蜂蜜蛋糕。
只要抹上少許的輕奶油餡，就能增添味道。
關鍵是利用夾心、抹面、擠花，改變鮮奶油的份量。

材料（直徑12cm的傑諾瓦士蛋糕模／2個）

● 傑諾瓦士麵糊

全蛋 … 180g

蛋黃 … 20g

精白砂糖 … 80g

蜂蜜 … 10g

低筋麵粉 … 90g

牛乳 … 10g

奶油 … 10g

● 甜點師奶油餡

牛乳 … 225g

蛋黃 … 35g

精白砂糖 … 38g

低筋麵粉 … 10g

玉米粉 … 5g

● 輕奶油餡

甜點師奶油餡 … 上述全量

鮮奶油（乳脂肪含量47%）… 80g

● 裝飾用鮮奶油

鮮奶油（乳脂肪含量38%）… 150g

鮮奶油（乳脂肪含量47%）… 150g

精白砂糖 … 24g

● 夾心、披覆、抹面、擠花

糖漿* … 適量

櫻桃酒 … 適量

草莓 … 適量

＊水和精白砂糖以2：1的比例混合煮沸，精白砂糖溶解後，放涼。

事前準備

· 製作傑諾瓦士麵糊（參考P.080～082「生乳捲」步驟**1～11**。全蛋和蛋黃混合攪拌，蜂蜜連同精白砂糖一起加入，奶油隔水加熱溶解，和牛乳混合加入。）

· 製作甜點師奶油餡（參考P.105～106「泡芙」步驟**27～38**。可是，不需要像泡芙用奶油餡那樣烹煮收乾，所以必須多加注意）。

· 製作輕奶油餡（參考P.106～107「泡芙」步驟**39～43**）。

· 糖漿和櫻桃酒混合備用。

· 把剪裁成高度8cm、長度約40cm的脫模紙鋪在模具的側面，再把剪裁成直徑12cm的脫模紙鋪在模具底部。

· ·烤箱預熱至160℃。

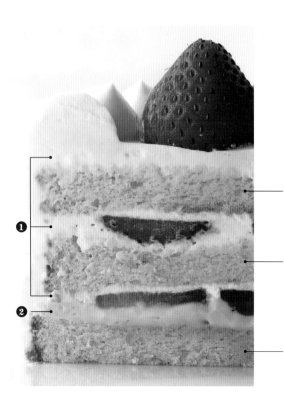

剖面圖

❶ = 鮮奶油

❷ = 輕奶油餡

❶

蛋糕 ❸
厚度1.5cm。
在兩面拍打上糖漿。

蛋糕 ❻
厚度2cm。
在兩面拍打上糖漿。

❷

蛋糕 ❹
厚度1.5cm。
在出爐時的底部拍打上糖漿，上下翻面後使用（拍打糖漿的那一面朝上）。

1

鮮奶油的事前準備

把乳脂肪含量38%的鮮奶油和精白砂糖放進攪拌盆。隔著冰水，用手持攪拌器攪拌至六分發。剛開始用中速攪拌，只要在產生稠度之後改成高速，鮮奶油就比較不容易飛濺。

2

加入乳脂肪含量47%的鮮奶油。用手拿著手持攪拌器的攪拌葉片攪拌，使整體混合均勻。

3

用高速的手持攪拌器稍微打發整體後，改用打蛋器。因為要依照夾心、抹面、擠花改變硬度，所以只需要打發攪拌盆前方的鮮奶油，然後再調整成需要的硬度使用。

調整鮮奶油的硬度

夾心用		**用途：連接蛋糕** **狀態：較硬** 打發至較硬狀態。如果太軟，分切蛋糕的時候，不是鮮奶油會溢出，就是會使蛋糕滑動。要打發至勾角挺立、堅硬的程度。
抹面用		**用途：覆蓋蛋糕整體** **狀態：略軟** 打發至比夾心用略軟，比擠花用略硬的程度。有光澤的鮮奶油會在打發期間開始失去光澤，那個瞬間的打發狀態最適合用來作為抹面用。
擠花用		**用途：最後加工的裝飾** **狀態：較軟** 打發至較軟的狀態。用打蛋器撈起時，雖不會馬上滴落，但只要稍微等待，還是會滴落的程度。

披覆用

用途：抹面前的打底
狀態：軟硬皆可

用來粗略覆蓋蛋糕表面的鮮奶油，所以硬度不拘，不過，較軟的鮮奶油會比較容易塗抹。抹面之前要先進行披覆，以防止蛋糕露出。

1

傑諾瓦士麵糊

把傑諾瓦士麵糊倒進鋪有脫模紙的模具裡。用手掌輕拍模具底部，排出空氣。

2

烘烤【160℃／25分鐘】

用160℃的烤箱烘烤25分鐘。出爐後，馬上在鋪了毛巾的調理台上輕摔數次，排出蛋糕裡面的溫熱空氣。
➡ 只要趁熱排出蛋糕裡面的空氣，放涼時，蛋糕就不容易塌陷。

3

拉著脫模紙，拖出蛋糕，同時顛倒模具，把蛋糕從模具裡取出。

4

直接在脫模紙附著的狀態下，倒扣在鐵網上。
➡ 只要趁熱排出蛋糕裡面的空氣，放涼時，蛋糕就不容易塌陷。

5

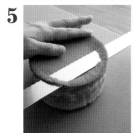

夾心

把傑諾瓦士蛋糕上的脫模紙撕下，用鋸齒片刀切掉底部邊緣的略硬部分。撕下底部的脫模紙備用。

6

把蛋糕顛倒過來，把步驟**5**撕下的脫模紙放在蛋糕上方。把鋸齒片刀裝在蛋糕切割器（P.096）上面，由下往上，分別切成厚度1.5cm（蛋糕**Ⓐ**）、1.5cm（蛋糕**Ⓑ**）、2cm（蛋糕**Ⓒ**）。
➡ 表面會沾黏，所以只要放上脫模紙就可以了。

7

把蛋糕**Ⓐ**上下顛倒。用手輕輕拍掉碎屑，用矽膠刷在底部輕拍上混合櫻桃酒的糖漿。

8

把輕奶油餡裝進裝有口徑10mm圓形花嘴的擠花袋裡面，擠出厚度3mm的輕奶油餡。

9

把草莓切成厚度3mm的片狀，排列在步驟**8**的上方。用打蛋器撈取夾心用的鮮奶油放上，再用抹刀粗略抹平。

10

塗抹鮮奶油時，稍微下壓，讓鮮奶油填滿草莓之間的縫隙。

↓

調整鮮奶油的用量，隱約可以看到草莓的厚度即可。

11

在蛋糕**Ⓒ**的單面輕拍糖漿，並將輕拍糖漿的那一面朝下，疊放在步驟**10**的上方。

12

用手掌從上方確實按壓，把表面壓平。就算鮮奶油溢出也沒關係。

18

和步驟12相同，用手掌確實按壓。

13

在步驟12的表面輕拍糖漿。

19

披覆

在夾心的蛋糕表面拍打糖漿，再倒上差不多可以覆蓋蛋糕整體的鮮奶油。

14

放上少量夾心用的鮮奶油。

20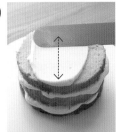

用抹刀粗略抹上鮮奶油。鮮奶油如果不足，就再添加塗抹。

➡ 剛開始朝直徑塗抹（上方照片），接著讓抹刀慢慢往回移動，一邊沿著蛋糕的曲線塗抹（中間照片）。手腕順著移動的節奏，往前方塗抹。在那個同時，把旋轉台稍微往前方轉動即可。鮮奶油塗滿後，一邊把旋轉台往前方轉動，抹刀朝順時針方向移動，粗略抹平（下照片）。

15

抹刀左右移動，塗抹上鮮奶油。

↓

16

和步驟9～10一樣，同樣排放上草莓，然後再塗抹鮮奶油。

↓

17

在蛋糕 **B** 的單面輕拍糖漿，並將輕拍糖漿的那一面朝下，疊放在步驟16的上方。

21

把上面的鮮奶油抹平。

➡ 抹刀與旋轉台平行，平貼固定在蛋糕上面，把旋轉台往前方轉動。讓多餘的鮮奶油從側面流下。抹刀只要採取平放的姿勢就可以了。

22

把抹刀平貼在前方的側面移動，抹平側面的鮮奶油。

➡ 為了讓作業位置隨時維持在前方，就在每次塗抹完時，把旋轉台朝後方轉動。抹刀就像箭頭方向那樣，輕微的左右往返，順著左右移動的節奏，把鮮奶油朝前方抹開。

↓

讓旋轉台旋轉半圈，相反方向同樣也依照❹❺❻的順序塗抹。

23

整體覆蓋上一層薄薄的鮮奶油後，把側面的鮮奶油抹平。

➡ 抹刀平貼固定於側面，把旋轉台往後轉。

28

抹平表面。

➡ 抹刀與旋轉台平行，平貼固定在蛋糕上面，把旋轉台往前方轉動。就算多餘的鮮奶油從側面流下也沒關係。

24

把抹刀平貼在蛋糕的邊緣，上方溢出的鮮奶油輕輕的往蛋糕中央抹平。

➡ 每抹1次，把旋轉台轉向後方，讓抹平的位置隨時維持在前方。

29

把抹刀插進鮮奶油裡面，確認鮮奶油的厚度。拔出抹刀，抹平表面。

➡ 填補或刮除鮮奶油，調整鮮奶油的厚度，使厚度不超過5mm。

25

抹面（上方）

用打蛋器撈取打發至抹面用硬度的鮮奶油，倒放在蛋糕上方。份量以厚度不超過5mm，可完整覆蓋整體為準。

↓

抹刀以水平姿勢拿著，固定在表面，轉動旋轉台。

26

左右移動抹刀，粗略的抹開鮮奶油。

30

用抹刀粗略的抹開步驟**28**在側面流下的鮮奶油。

➡ 抹刀往逆時針方向，旋轉台往順時針方向移動。把蛋糕邊緣流下的鮮奶油往上抹，讓多餘的鮮奶油移動到前方。抹刀確實輕壓側面，讓多餘的鮮奶油往上溢出。上方照片是大約塗抹半圈的樣子；下方照片則是塗抹一圈的樣子。

27

接著，依照箭頭❶❷❸的順序移動抹刀，前方也要塗抹。

↓

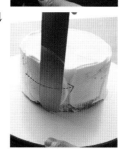

31

厚度不足的部分添加鮮奶油。
➡ 抹刀左右移動，補上鮮奶油，最後往左或右滑開。

32

把側面的鮮奶油抹平。
➡ 把抹刀平貼固定在蛋糕的側面，旋轉台朝後方轉動。這個時候，讓抹刀的前端一直與旋轉台摩擦。

33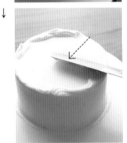

抹刀邊緣對著蛋糕傾斜45度（上方照片）、往前方拖拉（中央照片）、去除上方溢出的鮮奶油。去除掉的鮮奶油要勤勞的用攪拌盆的邊緣刮除（下方照片）。

↓

↓

34

把抹刀的邊緣稍微插進蛋糕的底部，往前方拉，把旋轉台往前方轉動，去除沾黏在旋轉台上的鮮奶油。

35

擠花

把打發至擠花用硬度的鮮奶油裝進裝有口徑12mm圓形花嘴的擠花袋裡面，在蛋糕的邊緣擠出高度1cm的鮮奶油。
➡ 擠花袋朝蛋糕中央略為傾斜，最後往中央方向拉起。把花嘴的位置固定在比蛋糕表面略高1cm左右的位置，擠出適當大小之後，便停止擠花動作往上拉。讓擠花的位置隨時維持在左側，一邊把旋轉台稍微轉向前方，一邊擠出漂亮的擠花。

↓

36

剩下的空間大約還有5公分左右，還要擠幾次才能完全覆蓋，需要大幅度調整擠花方式。

37

裝飾上草莓。

蛋糕切割器和旋轉台

照片前方是蛋糕切割器。每隔數mm就有一道切口，2個1組。把刀刃插進切口，就可以平穩的切出相同厚度。後方是旋轉台。裝飾蛋糕等甜點的時候，只要有這個道具，就可以使作業更加便利。塗抹鮮奶油或擠花的時候，把蛋糕放在旋轉台上，轉動旋轉台，一邊讓蛋糕旋轉，一邊進行作業。

抹刀使用訣竅

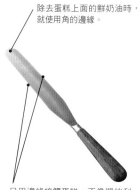

除去蛋糕上面的鮮奶油時，就使用角的邊緣。

只用邊緣接觸蛋糕。不像攪拌刮刀或切麵刀那樣，很少使用到平面部分。

● 抹刀的種類

抹刀有L字形和筆直形兩種類型，如果兩種種類都有，作業就會更加便利。塗抹鮮奶油，或是插進蛋糕下方往上抬的時候，都會使用抹刀。小尺寸的抹刀適合使用於小型的蛋糕。把鮮奶油塗抹在蛋糕捲那種平坦的蛋糕時，使用L字形；塗抹於水果蛋糕等帶有高度的蛋糕時，筆直的類型會比較方便。

● 平貼於蛋糕的角度很重要

用抹刀把鮮奶油塗抹在蛋糕的時候，平貼於蛋糕的角度越大，隨之移動的鮮奶油份量就會越多，就可以輕鬆抹開鮮奶油（1）。欲抹平表面等，希望移動少量鮮奶油的時候，就請縮小平貼的角度（2）。

1　　　　　　　2

● 移動蛋糕

1　　　　2　　　　3　　　　4　　　　5　　　　6

1　把抹刀插進蛋糕底部。
2　稍微抬起單邊，把手伸進底下。
3　調整抹刀的位置，使蛋糕更為平穩，把蛋糕往上抬。
4　放置時，從後方開始放置，接著把抹刀往後拉出，留些許前端在底部。
5　輕輕把手抽出來。
6　拉出抹刀前端時，把抹刀往盤子或調理台的方向壓，慢慢抽出。

6

泡芙
Chou

● 製作膨脹、酥脆的泡芙麵糊

把加了奶油等材料的牛乳煮沸，加入麵粉，最後再加入雞蛋，然後再次加熱，就可以製作出泡芙麵糊。製作完美膨脹且口感清爽的泡芙麵糊，有下列幾個重點。

● 煮沸奶油和牛乳，放入麵粉

牛乳和奶油一定要煮沸，關火後，馬上加入麵粉。在剛煮沸的時機加入，可以讓粉末瞬間分散，同時可以更快速加熱。

● 麵粉混合完成後，再次加熱

麵粉混合完成後，再次開火，一邊攪拌一邊加熱。這是為了使麵粉的澱粉受熱、糊化。確實加熱，直到鍋底產生薄膜，開始發出滋滋聲響，攪拌的手感變輕為止。澱粉的糊化若不夠確實，麵糊會變稀，同時也無法產生膨脹所不可欠缺的黏性和硬度。

● 觀察麵糊狀態，加蛋混合

澱粉確實糊化後，把鍋子從爐上移開，慢慢加入蛋液。在產生黏性之前，蛋液要先慢慢倒入，之後再持續加入。產生黏性之後，充分攪拌均勻，之後要一邊觀察麵糊的硬度，一邊慢慢少量添加，每次加入時，都要仔細混合。仔細觀察狀態，調整添加的蛋液用量，製作出具有光澤且帶有黏性的麵糊，是最重要的關鍵。

● 預熱的溫度要高於烘烤溫度

麵糊放進烤箱後，烤箱內的溫度會下降，所以預熱的溫度必須高於烘烤溫度。因為希望利用高溫使麵糊瞬間膨脹，所以預先提高預熱溫度，是非常重要的重點。

● 一邊改變溫度，一邊烘烤

泡芙麵糊要先用高溫瞬間加熱，使麵糊裡的水分蒸發，進而膨脹。確實膨脹之後，改用中溫。這是為了讓麵糊的裂痕也能烘烤出漂亮的焦色。等到麵糊的裂痕也烤出焦色後，改用低溫，讓麵團的內部確實乾燥。利用一邊改變溫度，一邊烘烤的方式，就可以烘烤出確實膨脹、擁有美味焦色，同時又酥脆的口感。

● 甜點師奶油餡的糊化也很重要

和泡芙麵糊一樣，混合材料進行加熱時，澱粉的糊化同樣也相當重要。糊化如果不夠確實，就算外觀看似美味，吃起來的口感也會粉粉的。攪拌的手感變輕是所謂的崩解現象，這種現象發生在澱粉糊化之後。可以用這種現象來作為粉末是否確實加熱的判斷標準。持續加熱直到發生崩解現象，確實讓澱粉糊化吧！

巴黎布雷斯特泡芙（→ P.108） 101

泡芙

確實乾燥、烘烤的泡芙麵糊，
擠上確實烹煮的鮮奶油和加了焦糖的鮮奶油。
奶油餡的味道相當濃醇，小小尺寸的口感剛剛好。

材料

● 焦糖香緹（約5個）
精白砂糖…67g
鮮奶油（乳脂肪含量47%）…150g

● 餅乾麵團（約30個）
奶油…30g
精白砂糖…30g
低筋麵粉…30g

● 泡芙麵糊（約30個）
水…50g
牛乳…25g
奶油…45g
鹽巴…1g
低筋麵粉…55g
全蛋…約120g

● 甜點師奶油餡（約25～30個）
牛乳…450g
蛋黃…70g
精白砂糖…76g
低筋麵粉…20g
玉米粉…10g

● 輕奶油餡（約25～30個）
甜點師奶油餡…上述全量
鮮奶油（乳脂肪含量47%）…160g

事前準備

· 餅乾麵團的奶油軟化至抹刀可輕易切入的柔軟程度。
· 泡芙麵糊的奶油切成小塊（約1cm丁塊）。
· 餅乾麵團和泡芙麵糊的低筋麵粉過篩。
· 全蛋確實打散。
· 甜點師奶油餡的低筋麵粉和玉米粉混合過篩備用。
· 焦糖香緹的鮮奶油放置至不冷的狀態。
· 烤箱預熱至250℃。

1

焦糖香緹
（在使用的前一天製作）

鍋子加熱。把手放在鍋子上，感受到熱度後，放入精白砂糖。份量只要稍微可以遮蓋住鍋底就可以了。融化變透明之後，進一步加入相同份量的精白砂糖。

2

為避免焦黑，要一邊調整火候，一邊重複步驟**1**的動作。等到所有的精白砂糖都溶解後，改用小火慢煮焦化（上方照片）。接著產生細微的氣泡（下方照片）。

3

接著，氣泡會慢慢變大。

4

氣泡變小，鍋子的邊緣產生細小氣泡。變成這種狀態後，關火。鍋子持續放在爐上，直到呈現個人滿意的焦化狀態。

5
分次加入少量（約¼）放置
至不冷狀態的鮮奶油。
➡ 鍋子上方會有熱氣冒出，要小心
避免燙傷。鮮奶油如果太過冰涼，
焦糖容易凝固，也不容易確實混
合。另外，在第2次之前，如果加
入的量太多，有時會有滾燙溢出的
情況。

6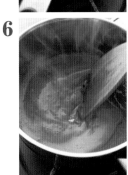
鮮奶油全部加進鍋裡之後，
用木杓仔細攪拌乳化，直到
呈現均勻狀態。如果有怎麼
樣都不會溶解的結塊，就開
火加熱，一邊攪拌，一邊溫
熱溶解。

7
過濾。讓保鮮膜緊密覆蓋在
表面，隔著冰水冷卻。放涼
後，放進冰箱，冷卻半日。
➡ 有時焦糖就算加熱，仍然無法
溶解。這時就要加以過濾，去除結
塊，製作出柔滑的口感。

8

餅乾麵團

把軟化的奶油放進攪拌盆，
加入精白砂糖和低筋麵粉。
用攪拌刮刀按壓攪拌，直到
麵團混合在一起。
➡ 使用冷凍狀態的餅乾麵團。冷凍
約可保存二星期，所以亦可以預先
製作起來放。

9
用切麵刀刮下沾黏在攪拌刮
刀上的麵團，把麵團全部集
中到攪拌盆的後方。再用攪
拌刮刀慢慢把麵團移動到前
方。麵團完全移動到前方
後，轉動攪拌盆半圈，再次
讓麵團移動到前方。重複這
樣的動作，直到呈現柔滑狀
態。
➡ 參考P.011「使麵團變柔滑（Fras
er）」。

10
用塑膠膜夾住，用擀麵棍擀
壓成1～2mm的厚度。

11
最後，擀麵棍不要用滾的，
在麵團上面滑動，把表面壓
平。放進冷凍庫冷卻，直到
變硬為止。
➡ 冷凍至脫模時，麵團不會沾黏
在模具上面，可以完美脫模的硬度。

12

泡芙麵糊

利用液體的熱度融化奶油。
溶解後，再次開火煮沸。

13

利用液體的熱度融化奶油。溶解後，再次開火煮沸。

➡ 奶油切成小塊，把液體類的材料加熱後關火，放進奶油溶解，這種方式可以在融化奶油之前煮沸液體類材料，就可以預防水分蒸發過多。

14

關火，把過篩的低筋麵粉全部放進去，用攪拌刮刀按壓攪拌。如果有結塊，就用攪拌刮刀壓碎。

15

沒有粉末之後，改用大火，用攪拌刮刀快速壓碎攪拌，一邊加熱。

➡ 因為希望提高麵糊整體的溫度，所以要一邊壓碎一邊加熱，讓熱度深入內部。

16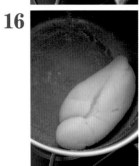

當麵糊出現透明感，鍋底宛如覆蓋了一張薄膜。同時，開始發出滋滋的聲響，攪拌的手感也變輕，就可以把鍋子從火爐上移開。

17

把麵糊移到攪拌盆，分次加入充分打散的全蛋，每次加入就用攪拌刮刀按壓攪拌。

➡ 就算攪拌不均也沒關係，等到看不見全蛋後，馬上再加入全蛋。如果每次攪拌得太仔細，反而會導致奶油的油脂分離。

18

全蛋份量大約加入八成，麵糊產生黏性後（上方照片），仔細混合均勻，攪拌成柔滑的狀態（下方照片）。

➡ 接下來就要開始仔細攪拌。

↓

19

如果有點硬，就再加入少量的全蛋（上方照片），仔細的攪拌混合（下方照片）。

➡ 接下來，一邊觀察硬度，一邊分次添加蛋液。需要添加的蛋液量，會因為步驟12～13蒸發掉的水分多寡而改變，有時會低於份量，有時也會高於份量。隨著時間的經過，麵糊會變硬，就算添加蛋液，還是沒辦法變軟，所以動作要盡可能快速。另外，產生黏性之後，在每次加入蛋液的時候充分攪拌，也是相當重要的事情。製作出帶有黏性，細密且紮實的麩質組織，出爐的泡芙就不容易塌陷。

↓

20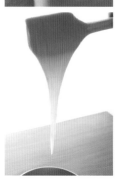

重複步驟19的動作，直到麵糊的硬度恰到好處。硬度的標準是，把麵糊全部集中在一起後，舉起攪拌刮刀，當麵糊往下流，撲通滴落1次後，剩下的麵糊會慢慢拉長，然後再滴落，差不多滴落2次左右。

21

把步驟 **20** 的麵糊,裝進口徑 10 mm 圓形花嘴的擠花袋裡面。在鋪有烤盤墊的烤盤上,擠出高度 1 cm、直徑 3 cm 的圓形。

➡ 擠花袋垂直抓握,在高度固定的情況下擠出。左手靠在烤盤上面,就可以支撐固定擠花袋。當麵糊擠出直徑 3 cm 大小時,就停止擠花,以宛如用花嘴摩擦麵糊的方式,快速畫圓,往上拉起。

22

用噴水器在泡芙麵糊的表面整體噴水。

➡ 如果麵糊的表面乾掉,麵糊會在加熱膨脹的時候,因為麵糊的延展性不佳,而造成形狀扭曲。

23

取出預先冷凍的餅乾麵團,撕掉兩面的塑膠膜。用直徑 2 cm 的圓形模壓出圓形,放在泡芙麵糊的上面。

24

烘烤❶
【250℃→200℃／10～15分鐘】

用噴水器再次噴水,放進預熱至 250℃的烤箱。馬上把溫度調降至 200℃,確實烘烤 10～15 分鐘,直到麵糊膨脹。

➡ 泡芙麵糊的側面也別忘了噴水。這個烘烤作業只是為了讓麵糊膨脹而已。烘烤時要注意不要烤焦。

25

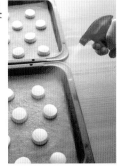

烘烤❷
【160℃～180℃／10～20分鐘】

麵糊如照片般,確實膨脹之後,把烤箱的溫度調降成 160～180℃。烘烤 10～20 分鐘,直到裂痕也確實烤出焦色。

➡ 這個步驟是烤出焦色的作業。因為維持高溫會烤焦,所以要改成中溫,把裂痕確實烤出漂亮的焦色。

※ 如果打開烤箱的門,麵糊會塌陷,所以絕對不可以打開。

26

烘烤❸
【130℃～150℃／10分鐘】

如照片般,連裂痕都呈現焦色後,把烤箱的溫度調降成 130～150℃,烘烤 10 分鐘。

➡ 雖然焦色已經很完美了,不過,還要讓麵糊裡面確實乾燥,所以要改成低溫,進一步烘烤。烘烤時間總計約 35～40 分鐘左右。

27

甜點師奶油餡

利用烘烤泡芙麵糊的期間,製作甜點師奶油餡。把牛乳放進鍋裡加熱備用。把蛋黃放進攪拌盆,加入精白砂糖,馬上用打蛋器充分攪拌。

➡ 如果不馬上混合就會結塊。

28

把混合過篩的低筋麵粉和玉米粉全部加入,用打蛋器摩擦攪拌至沒有粉末為止。

➡ 只要直立拿著打蛋器,慢慢的攪拌,粉末就不會飛揚。

29

預先加熱牛乳的鍋子開始咕嘟咕嘟冒泡後,把鍋子從爐子上移開。

30

把牛乳從爐子上移開後,馬上用打蛋器一邊攪拌步驟 **28** 的材料,一邊分次倒入。

➡ 加入的牛乳一旦變冷,鍋子裡面的溫度就會下降,就會拉長完成的時間。

31

材料攪拌至柔滑程度後，倒回鍋裡。用大火加熱，不斷用打蛋器攪拌混合，拌煮。火候調整成不會從鍋底溢出的大火。

➡ 甜點製作用語用「拌煮」來表現一邊攪拌一邊加熱的動作，這是製作甜點師奶油餡的方式。

32

產生稠度，攪拌的手感變得沉重，鍋底產生各種結塊後，暫時把鍋子從爐子上移開。用打蛋器快速的攪拌整體。

➡ 暫時從爐子上移開，混合攪拌，使整體呈現均勻狀態，製作成均衡加熱的柔滑狀態。

33

把打蛋器換成攪拌刮刀混合攪拌。用大火加熱鍋子，用攪拌刮刀不斷的混合拌煮。

➡ 因為攪拌刮刀很難攪拌到鍋子的右前方，使奶油容易焦黑。所以偶爾要把鍋柄轉向後方，整體均勻的攪拌。

34

煮沸，產生光澤，攪拌的手感變輕後，改用中火。

➡ 這個時候已經煮好了（麵粉和雞蛋全部熟透的狀態），不過還是要持續熬煮，增添濃稠。

35

用攪拌刮刀不停攪拌，進一步熬煮 5 分鐘以上。待份量減少，攪拌的手感變得沉重之後，把鍋子從爐子上移開。

➡ 熬煮可以讓味道變得更濃厚，也能產生硬度。

36

一邊過濾，一邊倒進攪拌盆。

➡ 如果不趁熱過濾，就會變得更難過濾。

37

讓攪拌盆的底部接觸冰水。表面緊密覆蓋保鮮膜，並在保鮮膜上方放置冷卻材料，讓甜點師奶油餡完全冷卻。

➡ 20～40℃是細菌最容易繁殖的溫度區間。透過快速冷卻，可以更快速的通過這個溫度區間，預防細菌的繁殖。

38

這是冷卻的甜點師奶油餡。只要正確拌煮，把攪拌刮刀插進甜點師奶油餡和攪拌盆之間，就可以順暢的剝離。

➡ 沾黏在攪拌盆裡面，無法順利剝離時，就是拌煮不確實的證據（澱粉糊化不確實）。會有粉末殘留，也不美味。

39

輕奶油餡

用攪拌刮刀攪散甜點師奶油餡。

➡ 直立抓握攪拌刮刀，把甜點師奶油餡從攪拌盆的後方往前方刮，攪散。

40

撈起的時候，如果會瞬間斷裂，就代表攪散不足。持續攪散直到像照片這樣，呈現粘稠延伸的狀態。

➡ 如果攪散過度，奶油餡會變軟，擠在泡芙麵糊上面的時候，奶油餡就會往下流，導致無法層疊出高度。

41

鮮奶油打至九分發。

➡ 因為希望製作出可以擠出高度且不會往下流，形狀維持性較佳的輕奶油餡，所以鮮奶油也要打發成較硬的硬度。

42

把步驟**41**的九分發鮮奶油，加進步驟**40**的甜點師奶油餡裡面，用攪拌刮刀慢慢按壓，一邊仔細的撈取混合。

➡ 甜點師奶油餡較硬，比較不容易混合，所以要一邊往下按壓，一邊混入鮮奶油。

43

如果甜點師奶油餡混合不完全，就用攪拌刮刀的前端攤開拌入。只要甜點師奶油餡充分混合，就算有未混合的鮮奶油也沒關係。

➡ 甜點師奶油餡如果有結塊殘留，就會使口感變差。如果混合過度，則會變得鬆散，要多加注意。

44

切割泡芙

用小刀把泡芙切成對半。

45

輕奶油餡的泡芙

把輕奶油餡放進裝有口徑10mm圓形花嘴的擠花袋裡面。在下方的泡芙上面，擠出距離邊緣3cm高的輕奶油餡。

➡ 慢慢擠出，等輕奶油餡擴散到邊緣，再把擠花袋往上拉，擠出隆起的形狀。

46

輕奶油餡和
焦糖香緹的泡芙

在下方的泡芙上面擠出輕奶油餡，讓輕奶油餡擴散到邊緣，覆蓋所有角落。

47

焦糖香緹隔著冰水，打發至勾角挺立的程度。裝進裝有星形花嘴（10齒、8號）的擠花袋裡面，在步驟**46**的上面擠出一圈螺旋狀。

➡ 焦糖香緹容易隨著時間變軟而流下，所以要打發至較硬的程度。

48

擠出一圈焦糖香緹後，進一步在上方擠出玫瑰（P.141）。

49

最後加工

疊上上方的泡芙，用濾茶網篩撒糖粉。

巴黎布雷斯特泡芙

以自行車的車輪為形象，把泡芙麵糊擠成圓環狀是重點。
完美擠上加了巧克力和榛果的濃醇慕斯林奶油餡，
最後再進行裝飾。

材料（直徑12cm／2個）

● 牛軋糖（容易製作的份量）

杏仁 … 150g

精白砂糖 … 60g

水 … 20g

奶油 … 10g

● 泡芙麵糊

水 … 35g

牛乳 … 30g

奶油 … 40g

鹽巴 … 1g

低筋麵粉 … 50g

全蛋 … 約100g

杏仁片 … 適量

● 甜點師奶油餡

牛乳 … 334g

蛋黃 … 80g

精白砂糖 … 80g

低筋麵粉 … 30g

● 炸彈麵糊（容易製作的份量）

蛋黃 … 20g

水 … 15g

精白砂糖 … 40g

● 榛果慕斯林奶油餡

甜點師奶油餡 … 上述全量

炸彈麵糊 … 上述份量取30g

奶油 … 60g

杏仁堅果糖 … 40g

黑巧克力（可可含量70%）… 60g

● 組合

糖粉、可可粉 … 各適量

事前準備

· 泡芙麵糊的奶油切成1cm丁塊。

· 製作甜點師奶油餡（參考P.105～106「泡芙」步驟**27～28**。可是，巴黎布雷斯特泡芙的甜點師奶油餡不使用玉米粉）。

· 榛果慕斯林奶油餡的奶油放軟備用。

· 烘烤牛軋糖的杏仁片之前，預熱至130℃；泡芙麵糊烘烤之前，預熱至250℃。

砂糖的再結晶化

溶解成液體的砂糖再次變成結晶形狀就稱為再結晶化。把砂糖溶解在水裡，製作成糖漿狀，加熱至113～130℃，再次冷卻之後，就可以讓其結晶化。只要在冷卻的時候攪拌，就可以形成更細的結晶。可製作出更細結晶的溫度是113℃，如果溫度更高，顆粒就會變粗。

慕斯林奶油餡

用甜點師奶油餡和奶油霜混合製成，特徵是入口即化且風味濃郁。另外，只要添加奶油，形狀維持性便可以高於甜點師奶油餡。

炸彈麵糊

所謂的炸彈麵糊是蛋黃加熱打發的麵糊。一邊打發蛋黃，一邊加入加熱至115～117℃的糖漿（水和精白砂糖混合煮沸）製作而成。少量製作時，只要把水和精白砂糖混進蛋黃裡面，溫熱後再打發，就可以製作完成。

1

牛軋糖

杏仁放進130℃的烤箱烘烤20～30分鐘，烘烤至乾燥程度。上方照片是生的，下方照片是烘烤完成的杏仁。

➡ 切開後，中央隱約帶有烤色的狀態最佳。如果烘烤過度，會因為最終烘烤而焦黑、變苦。

2

把精白砂糖和水放進鍋裡加熱，加熱至113℃，製作成糖漿。把剛烘烤出爐的杏仁放進其他鍋子裡面，然後倒進糖漿。

➡ 杏仁如果冷卻，就用微波爐重新加熱。杏仁一旦冷卻，糖漿就會因為降溫而結塊，沒辦法均勻裹上糖漿。

3

用木杓快速混合攪拌，讓杏仁裹上糖漿。

➡ 在不加熱的情況下混合。如果糖漿冷卻結塊，就一邊用小火加熱攪拌。杏仁全部裹上糖漿後，馬上把鍋子從爐子上移開。

4

持續攪拌，然後糖漿會變成白色酥脆的狀態（砂糖的再結晶化）。

➡ 先讓糖漿裹在堅果上面再結晶化，之後進行加熱的時候，就不會烤焦，同時可以均勻的焦化。

5

用略小的中火加熱，用木杓一邊攪拌，讓砂糖慢慢溶解。砂糖溶解，整體產生金黃色，隱約冒煙後，關火。

➡ 泡芙裡面的榛果慕斯林奶油餡很甜，所以牛軋糖要確實焦化，製作出隱約的苦味。

6

加入奶油，溶解混合。

7

倒放在矽膠墊上面，攤開放涼。

➡ 也可以使用烘焙紙或烤盤墊代替矽膠墊。

8

取10顆左右的杏仁備用，剩下的部分切成個人喜歡的大小。

➡ 碎粒如果太大顆，切的時候會牴觸到菜刀，導致泡芙變形。因為容易沾染濕氣，所以不打算馬上使用時，要放進裝有乾燥劑的密封容器保存。

9

泡芙麵糊

參考「泡芙」泡芙麵糊的步驟 **12～19**（P.103～104），製作泡芙麵糊。使用的蛋量比泡芙少，硬度也比泡芙硬。用攪拌刮刀撈起所有麵糊時，呈現整塊下墜的狀態，便是完成的判斷標準。

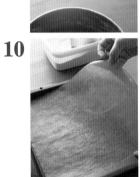

麵糊整塊掉落後，掛在攪拌刮刀前端的三角形麵糊的邊緣會呈現鋸齒狀態。

10

準備 2 個烤盤，分別鋪上烘焙紙。在直徑 10 ㎝的圓形圈模上撒粉（高筋麵粉），在烤盤上面做出記號。每片烤盤分別做出 2 個記號，把烘焙紙翻面。

↓

首先，把打底的麵糊擠在 1 個烤盤上面。把麵糊裝進裝有星形花嘴（8 齒，8 號）的擠花袋裡面，在標記的內側擠 1 圈。

➡ 讓花嘴懸在距離烤盤 5 ㎝的位置，讓擠出的麵糊慢慢垂落在烤盤上面。

11

↓

剩下 5 ㎝ 的時候，停止擠花，把花嘴擠出的麵糊放置在烤盤上，讓尾端跟開頭連接在一起。

12

以相同的方式，在步驟 **11** 的外側再擠出一圈。

➡ 只要讓內側麵糊和外側麵糊的接縫處錯位，就可以烘烤得更漂亮。

13

以相同的方式，在步驟 **12** 的內側麵糊和外側麵糊的上面再擠出一圈。

➡ 擠出的位置就相當於步驟 10 做出記號的位置正上方。這一圈同樣也要錯開接縫的位置，要多加注意。

14

在另一個烤盤上擠出夾心用的麵糊。在步驟 **10** 的記號上面擠出一圈。方法和步驟 **11** 相同。

15

用噴水器在步驟 **13** 和步驟 **14** 的麵糊上噴水。

16

用手指撫平步驟13和步驟14的麵糊內側，修整出滑順且漂亮的形狀。

→ 因為麵糊噴了水，所以麵糊不會沾黏手指。

20

炸彈麵糊

依序把水和精白砂糖混進蛋黃裡面。用攪拌刮刀一邊攪拌，一邊開火隔水加熱。產生稠度之後，停止隔水加熱。因為打算讓蛋黃熟透，所以隔水加熱的熱水要維持沸騰狀態。一旦打發，溫度就無法上升，就不會產生稠度。

17

用指腹撫平步驟13和步驟14的接縫，把接縫修整得更滑順。

→ 如果接縫沒有平順銜接，烘烤時，接縫容易脫離，產生縫隙。

21

趁熱用高速的手持攪拌器打發。

18

在步驟13的麵糊表面黏貼上大量的杏仁片。

→ 因為切割時，杏仁片會掉落，所以要多放一些。

22

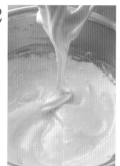

顏色略微發白便算大功告成。流下時，呈現濃稠的緞帶狀。

→ 預先覆蓋上保鮮膜，避免乾燥。

19

烘烤

【250℃～200℃／10～15分鐘】

【160～180℃／15分鐘】

【130～150℃／10分鐘】

最後，用噴水器再次在步驟14和18的麵糊表面噴水。放進預熱至250℃的烤箱裡面，馬上把溫度調降至200℃，烘烤10分鐘。麵糊確實膨脹之後，把溫度調降至160～180℃，烘烤15分鐘。當裂痕也確實呈現焦色後，再把溫度調降至130～150℃，烘烤10分鐘，把麵糊裡面烘烤至乾燥。

→ 之所以噴水是為了防止杏仁片焦黑，同時預防麵糊表面乾燥。關於烘烤方面的問題，請參考「泡芙」步驟24～26（P.105）。

↓

23

慕斯林奶油餡

把杏仁堅果糖和黑巧克力放進攪拌盆，隔水加熱，溶解攪拌。冷卻至常溫。

24

用攪拌刮刀攪散甜點師奶油餡。

→ 首先，用攪拌刮刀往前方壓碎攪散，接著，把攪拌盆放倒，把全身重量放在攪拌刮刀上面，使奶油餡擴散開來。剛開始會呈現一塊一塊的，但之後就會逐漸變得柔滑。如果不確實攪散，就會堵住花嘴，同時也無法擠出漂亮形狀。

25

把步驟**23**冷卻至常溫的材料倒進步驟**24**的甜點師奶油餡裡面，用攪拌刮刀攪拌混合。
➡ 步驟**23**的材料如果沒有放涼，步驟**28**加入的奶油就會溶解，所以必須多加注意。

29

組合

把底部用的泡芙切成對半。

26

把奶油放進攪拌盆，用攪拌刮刀混合，使硬度平均。
➡ 奶油如果有結塊，就會堵住花嘴，同時也無法擠出漂亮形狀。

30

把夾心用泡芙放在步驟**29**切割好的底部用泡芙的上面（上方照片）。如果有超出底部用泡芙的部分，就用菜刀切除，修整形狀（下方照片）。

27

把步驟**26**的奶油放進步驟**25**的攪拌盆裡面，用攪拌刮刀攪拌至均勻狀態。

↓

28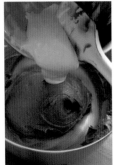

把炸彈麵糊放進步驟**27**的攪拌盆，撈取攪拌至均勻狀態。
➡ 重點是不要讓奶油溶解。奶油一旦溶解，就會呈現鬆散的狀態。

31

把慕斯林奶油餡裝進裝有星形花嘴（8齒，6號）的擠花袋裡面，擠在底部用泡芙上面，填滿空隙。

↓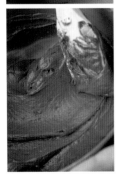

呈現柔滑且具有光澤的狀態。

↓

在慕斯林奶油餡上面撒下大量切碎的牛軋糖。

↓ 在牛軋糖上面擠出一圈略薄的慕斯林奶油餡。

↓ 撒上切碎的牛軋糖。

32

放上夾心用泡芙，用指尖輕輕按壓。

↓ 進一步在牛軋糖上面擠上一圈慕斯林奶油餡。

33

在步驟32層疊好的泡芙外側擠出一圈慕斯林奶油餡。

36

放上步驟29切割好的上方用泡芙。

34

內側同樣也擠上一圈。

37

在擠在泡芙外側的慕斯林奶油餡上面，等距黏貼上之前預留備用的杏仁粒。

35

在步驟33和34擠出的慕斯林奶油餡之間，擠出一圈，填滿縫隙。

38

依序用濾茶網篩撒上糖粉和可可粉。放進冷藏庫確實冷藏後切割。

➡ 冷藏可以讓慕斯林奶油餡裡面的奶油和巧克力結塊，確實黏在一起，所以切割時就不容易變形。切割時，先用熱水溫熱菜刀，再擦掉水分，進行切割。

7

起司蛋糕

Gâteau fromage

● **奶油起司搓揉至柔滑狀**

製作美味起司蛋糕絕不可欠缺的是，把奶油起司製作成柔滑狀態。剛從冰箱裡拿出來的奶油起司很硬，所以要在作業之前提前拿出來。搓揉的時候加入砂糖，一點一滴的慢慢搓散。加入砂糖之後，奶油起司就比較容易搓散。

● **各式各樣的起司蛋糕**

起司蛋糕有各種類型。濃醇、蓬鬆、滑溜。這本書分別介紹烘烤的烘焙起司蛋糕和冷卻凝固的非烘焙起司蛋糕2種。

● **濃醇、柔滑的烤起司蛋糕**

注意避免烘烤過度，以稍微加熱出爐為目標。如果烘烤太久，就會失去柔滑的口感。

● **蓬鬆、輕盈口感的舒芙蕾起司蛋糕**

把蛋白霜混進麵糊裡面，以隔水加熱的方式烘烤，製作出蓬鬆、輕盈的口感。蛋白霜使用冷卻的蛋白，僅止於柔軟的打發程度。不要擠破氣泡，盡可能以短時間且較少次數的方式混合，便是訣竅所在。

● **利用乳脂肪凝固的生起司蛋糕**

利用奶油起司和鮮奶油的乳脂肪的冷卻凝固作用凝固成形。把材料混合攪拌後進行打發，確實打發出挺立的勾角，製作出形狀維持性較佳的料糊。

● **利用明膠凝固的非烘焙起司蛋糕**

因為是利用明膠凝固，所以有著滑溜的口感。加入優格，製作出更爽口的味道。為了讓明膠確實遍佈整體，一邊注意溫度，一邊進行材料的混合吧！

舒芙蕾起司蛋糕(→ P.122)　117

烤起司蛋糕

在料糊裡面加入大量的格律耶爾起士（Gruyère）。
注意避免烘烤太久，以維持濕潤的濃醇口感。
如果烘烤太久，口感會變差，要多加注意。

材料（直徑15cm、高度4cm的圓形圈模／1個）

● 酥餅碎

奶油 … 25g

精白砂糖 … 25g

杏仁粉 … 25g

低筋麵粉 … 25g

● 起司料糊

奶油起司 … 144g

精白砂糖 … 48g

酸奶油 … 36g

發酵奶油 … 54g

蛋黃 … 42g

鮮奶油（乳脂肪含量47%）… 36g

格律耶爾起士 … 30g

事前準備

· 把所有材料放在常溫下，呈現不冷的溫度（材料的溫度越接近，越能完美混合）。

· 製作料糊（參考P.128「水果起司蛋糕」步驟1〜4）。

1

料糊

把圓形圈模放在鋪有透氣烤盤墊的烤盤上。把剪裁成寬8cm、長約48cm的烘焙紙裝在圓形圈模裡面。

➡ 烘焙紙的表面放置在內側。

2

把酥餅碎放進圓形圈模裡面，用湯匙的背面輕壓。

➡ 如果壓得太緊密，烘烤之後會太硬，所以輕輕按壓即可。

3

烘烤【170℃／15〜20分鐘】

用170℃的烤箱烘烤15〜20分鐘左右，烤至酥脆的焦色。

4

料糊

把奶油起司和精白砂糖放進攪拌盆。用攪拌刮刀按壓的方式，混入精白砂糖。

➡ 如果用打蛋器攪拌，會跑進太多空氣，導致在烘烤過程中膨脹，冷卻後卻塌陷。另外，如果加熱過度，就會形成粗糙口感。

5

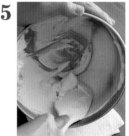

精白砂糖遍佈全體後，把攪拌盆放倒，使用攪拌盆的側面，用攪拌刮刀搓揉奶油起司。

➡ 參考P.127「搓揉奶油起司」。

6

把酸奶油加進步驟5的攪拌盆裡面。

7

用攪拌刮刀混入發酵奶油，使發酵奶油的硬度和步驟6的材料一樣柔軟。

8

把步驟6的材料混進步驟7的攪拌盆裡面。

9

把蛋黃打散，分2～3次加入，每次加入就用攪拌刮刀的前端一邊往攪拌盆底部按壓，一邊攪拌混合，讓材料乳化。

➡ 參考P.010「乳化」。

10

鮮奶油分成2次加入，每次都利用與步驟9相同的方式混合攪拌。

➡ 因為容易分離，所以不可以一口氣加入。

11

確實乳化，呈現滑溜，具有彈性的狀態後，過濾。

➡ 過濾成柔滑的口感，去除雞蛋的繫帶，壓碎奶油起司的結塊。

12

削入格律耶爾起士，快速攪拌。

➡ 格律耶爾起士沒有均勻遍佈全體也沒關係。

13

烘烤❶
【150℃／15～20分鐘】

把料糊倒進步驟3的圓形圈模裡面。上下輕微的晃動，再用攪拌刮刀把料糊表面抹平。

➡ 酥餅碎也可以使用剛出爐的溫熱狀態。

14

用150℃的烤箱烘烤15～20分鐘。搖晃時，只要整體均勻晃動，就代表有確實加熱至內部。

➡ 不要加熱過度，製作出柔滑的口感。

15

在常溫下，放涼至有辦法用手拿起烤盤的溫度。

16

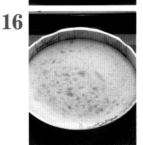

烘烤❷【200℃／5分鐘】

用200℃的烤箱烘烤5分鐘。把表面烤成焦色。

➡ 如果在料糊溫熱的時候烤成焦色，就會加熱過度，所以一定要先放涼。因為只希望烤出焦色，不希望加熱料糊，所以要用高溫短時間加熱。

舒芙蕾起司蛋糕

在起司料糊裡面混進蛋白霜，
用中溫確實隔水加熱烘烤，製作出濕潤口感。
蓬鬆、入口即化的起司蛋糕。

材料（直徑15cm的傑諾瓦士蛋糕模具／1個）
傑諾瓦士蛋糕（直徑15cm）… 厚度1cm的份量
杏果醬 … 30g

● 料糊
奶油起司 … 120g
安格列斯醬
 蛋黃 … 40g
 精白砂糖 … 20g
 玉米粉 … 10g
 牛乳 … 80g
 香草豆莢 … 適量
蛋白霜
 蛋白 … 80g
 精白砂糖 … 40g

事前準備

· 製作安格列斯醬（參考P.151～152「水果慕斯」
 步驟**6～10**。可是，不使用明膠片。另外，因為
 份量很少，所以要使用打蛋器，而不使用攪拌刮
 刀，當鍋底開始出現硬塊，手感變沉重之後，馬
 上把鍋子從爐子上移開，並充分攪拌，用餘熱確
 實加熱。放涼之後再使用。）

· 蛋白放進攪拌盆，放進冷凍庫冷卻至邊緣呈現酥
 脆程度。

1

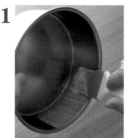

模具的準備

用刷子把軟化的奶油（份量
外）塗抹在模具的側面。把
烘焙紙剪裁成內徑與模具底
部相同的大小，表面朝上鋪
底。

2

把杏果醬塗抹在傑諾瓦士蛋
糕上面。把塗抹杏果醬的那
一面朝上，鋪在步驟**1**的模
具底部。放進冷藏庫冷藏備
用。

3

料糊

把安格列斯醬分次少量添加
進柔滑的奶油起司裡面。
➡ 奶油起司參考P.127「搓揉奶油
起司」，搓揉成柔滑程度備用。

每次加入就充分攪拌，使其
乳化。
➡ 用攪拌刮刀的前端一邊按壓攪拌
盆的底部，一邊攪拌混合，使其乳
化（參考P.010「乳化」）。

重複這樣的動作，製作成滑
溜，具有彈性的狀態。

4

把放進冷凍庫冷凍的蛋白和1撮精白砂糖放進另一個攪拌盆，用高速的手持攪拌器打發。整體呈現偏白顏色後，加入剩下的精白砂糖，用低速攪拌2分鐘左右（上方照片）。打發完成後，呈現鬆弛且帶有光澤的狀態。撈起時，呈現滑溜的滴落狀態。

➡ 蛋白冷凍後，呈現不容易打發的狀態，就能製作出鬆弛的蛋白霜。如果使用確實打發的蛋白霜，不是會在烘烤期間過度膨脹，就是會導致表面破裂。

5

把步驟4的蛋白霜撈進步驟3的攪拌盆裡面，用手拿著手持攪拌器的攪拌葉片加以混合攪拌。

➡ 少量添加蛋白霜，讓料糊的硬度趨近於蛋白霜。用這種小巧思，讓氣泡不容易破裂。

把混合好的材料倒進步驟4的攪拌盆裡面。

快速撈取混合。

➡ 為避免氣泡破裂，盡可能以較少次數，短時間混合完成。只要整體混合均勻即可。

6

烘烤【160℃／50分鐘】

把步驟5的料糊倒進步驟2的模具裡面。

➡ 酥餅碎也可以使用剛出爐的溫熱狀態。上下輕微的晃動，再用攪拌刮刀把料糊表面抹平。

7

讓模具摔落在手掌上數次，排出空氣。

8

在烤盤上面放置較深的調理盤，在調理盤裡倒進煮沸的熱水。放進步驟7的模具，用160℃的烤箱，隔水加熱烘烤50分鐘。

9

模具和蛋糕之間產生縫隙後（照片），關掉烤箱的電源。直接在烤箱裡面放涼。

10

倒扣放置在手掌上面，取出。

生起司蛋糕

以非烘烤方式製成的濃醇起司蛋糕。
不使用明膠,加入打發的鮮奶油冷卻凝固。
再搭配和起司濃醇相得益彰的芒果。

材料(使用8×33×高度4cm的方形模)

● 甜塔皮(3個模具份量)　　● 傑諾瓦士麵糊(3個模具份量)

奶油 … 25g　　　　　　　　全蛋 … 240g

杏仁粉 … 25g　　　　　　　精白砂糖 … 120g

糖粉 … 25g　　　　　　　　低筋麵粉 … 110g

低筋麵粉 … 25g　　　　　　牛乳 … 40g

● 料糊(1個模具份量)

奶油起司 … 147g

精白砂糖 … 46g

鹽巴 … 1小撮

酸奶油 … 52g

鮮奶油(乳脂肪含量38%) … 98g

鮮奶油(乳脂肪含量47%) … 98g

● 組合(1個模具份量)

檸檬醬 … 50g

芒果(切成一口大小) … 100g

鮮奶油(裝飾用)* … 適量

開心果(烘烤)、檸檬皮 … 各適量

＊使用與P.90「奶油蛋糕」相同的裝飾用鮮奶油。

事前準備

・奶油起司和酸奶油放置至常溫。

・製作甜塔皮,擀壓成2mm的厚度(參考P.057~058
　「水果塔」步驟**1~19**),分切成寬度8cm、長度
　33cm。用叉子在底部各處扎小洞,用170℃的烤箱
　烘烤15~20分鐘。

・製作傑諾瓦士麵糊(參考P.080~082「生乳捲」
　步驟**1~11**),倒進33cm方形的捲蛋糕烤盤烘
　烤。放涼後,切成寬7cm、長31cm、厚1cm的片
　狀。

・檸檬醬用手持攪拌機攪拌成泥狀。

1

料糊

把奶油起司、精白砂糖、鹽
巴放進攪拌盆,用攪拌刮刀
攪拌至柔軟、無結塊的狀態。
➡ 參考P.127「搓揉奶油起司」。

2

加入酸奶油,混合攪拌。

3

讓步驟**2**的攪拌盆隔著冰
水。分次加入乳脂肪含量
38%的鮮奶油,每次加入就
用攪拌刮刀攪拌。反覆這樣
的動作,直到所有乳脂肪含
量38%的鮮奶油都加入混合
完成(照片)。
➡ 就算沒有攪拌得相當均勻也沒關
係。只要概略混合,便可接著加入。

↓

把攪拌刮刀換成打蛋器,進
一步攪拌。

↓ 呈現黏稠，就算撈起也不會滴落的輕盈氣泡。

6 把傑諾瓦士蛋糕的上面朝下，疊放在步驟 5 的甜塔皮上方，用手輕壓，讓傑諾瓦士蛋糕和甜塔皮緊密貼合。

4 分次加入乳脂肪 47％的鮮奶油，在每次加入時稍微攪拌。

7 把步驟 6 的材料嵌進方形模裡面，鋪放上芒果。
➡ 芒果不要放置在邊緣，全部往中央靠攏。

↓ 全部的鮮奶油都加入後，打發。呈現挺立勾角，不會從打蛋器上面掉落的硬度，便可停止打發。

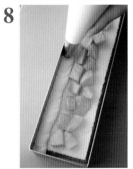

8 把料糊裝進裝有口徑 10 mm圓形花嘴的擠花袋裡面，沿著模具擠出一圈。
➡ 確實讓料糊填滿模具和材料之間的縫隙。

5

~~~~~~~~~~~~~~~~~~
組合
~~~~~~~~~~~~~~~~~~

把檸檬醬塗抹在甜塔皮上面。
➡ 果醬主要是用來黏接各材料。除了檸檬之外，亦可使用個人喜歡的口味。

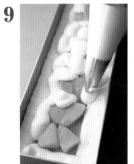

9 擠出料糊，讓料糊填滿芒果之間的縫隙。

10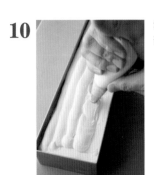

沿著模具擠出一圈，剩下的部分也全部填滿，覆蓋表面。

15

抹刀稍微傾斜，平貼於邊緣，朝蛋糕中央抹平，去除多餘的鮮奶油。最後，用抹刀從右往左輕輕抹平表面。

11

讓攪拌刮刀傾斜45度，平貼在料糊上面，將表面抹平。為避免料糊乾燥，在方形模上面覆蓋保鮮膜，放進冷藏庫冷卻凝固一晚。

➡ 之後還要用鮮奶油在表面抹面，所以就算有些許紋路殘留也沒關係。

16

把抹刀插進蛋糕下方，抬起蛋糕，移放到調理台。

12

把調理盤和鐵網重疊，將步驟**11**放在鐵網上面。用微波爐加熱濕毛巾，將毛巾貼覆在模具上面，把模具拿掉。用攪拌刮刀把打發至蓬鬆狀態的鮮奶油放在上方。

➡ 只要使模具溫熱，就可以完美卸除模具。如果有瓦斯槍，也可以用瓦斯槍烘烤模具加熱。

17

用鋸齒片刀切掉邊緣。把麵包刀平貼於剖面，將料糊切成4㎝寬。

➡ 每次切的時候，先用熱水浸泡鋸齒片刀，使鋸齒片刀溫熱後，再擦乾水分，就可以完美切割，不會沾黏。

13

用抹刀把上面的鮮奶油抹平。

18

刀子碰到底部的甜塔皮時，用左手按壓刀子的背面，筆直切下。

14

側面同樣也用抹刀抹平。

19

移動蛋糕的時候，只要把麵包刀平貼於剖面，用麵包刀和刀子夾住蛋糕的方式移動，就不會導致變形。

搓揉奶油起司

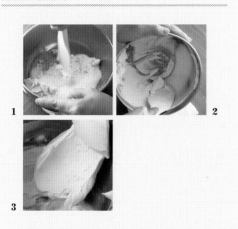

1 把精白砂糖放進奶油起司裡面，以攪拌刮刀按壓攪拌盆底部的方式混合攪拌。
2 精白砂糖混合完成後，把攪拌盆放倒，使用攪拌盆的側面進行搓揉。這樣比較容易施力，可以更快速軟化。
3 搓揉至柔滑狀態。

---

column 2

混合重量不同的材料時採用反混

把液狀的料糊或是鮮奶油、鬆軟的蛋白霜等材料，混進奶油起司那種較硬的材料裡面時，如果突然混合，不是會造成結塊，就是無法完美混合。像這種把重量或硬度不同的材料混合在一起的時候，要把另一方少量加進另一方，等待重量接近後，再進一步混合攪拌。雖然有點麻煩，但這是為了製作出柔滑口感的重要作業。

1 撈取輕的材料（照片中的是蛋白霜），放進重的材料（照片中是奶油起司和安格列斯醬混合而成的料糊）裡面。
2 充分攪拌。使重的材料變輕。
3 把輕的材料放進步驟2裡面。
4 混合攪拌。因為重量和硬度已經相近，所以可以更容易混合。

水果起司蛋糕

使用明膠凝固，清爽且入口即化的起司蛋糕。
搭配糖漬柑橘，讓清爽的味道更顯一致。

材料（直徑5.5cm、高度4cm的圓形圈模／8個）

● 酥餅碎
奶油 … 35g
低筋麵粉 … 65g
精白砂糖 … 20g
鹽巴 … 少量

● 糖漬柑橘
柑橘* … 約2～3個
精白砂糖 … 50g
水 … 50g

● 料糊
安格列斯醬
　牛乳 … 25g
　蛋黃 … 20g
　精白砂糖 … 10g
明膠片 … 5g
檸檬汁 … 12g
櫻桃酒 … 2g
奶油起司 … 120g
精白砂糖 … 40g
優格 … 100g
鮮奶油（乳脂肪含量38％） … 80g

● 組合
柑橘果凍液
　糖漬柑橘（上述）的湯汁 … 30g
　明膠片 … 1g
開心果（切碎） … 適量

＊這裡使用的是臍橙，也可以使用個人喜愛的品種。

事前準備

・烤箱預熱至170℃。
・蛋黃、奶油起司、優格、鮮奶油放置至不冷的狀態。
・明膠片用冰水泡軟。

1

酥餅碎

奶油切成1cm丁塊狀，撒上低筋麵粉，放進冷凍庫確實冷卻。

➡ 冷凍至用手指按壓仍不會凹陷的硬度。

2

把材料全部放進食物調理機，攪拌成鬆散狀態。

3

用雙手夾著材料搓揉，進一步把材料搓成更細的鬆散狀態。

4

搓散成照片中般的碎末。

➡ 像這個食譜，把材料鋪在蛋糕底部時，要交互搓揉成細碎。若是鋪在塔等上面的時候，因為希望製作出口感的變化，所以就要用手指搓散，製作出粗粒和細粒混合的狀態。

5

把透氣烤盤墊鋪在烤盤上，排放上圓形圈模。分別在圓形圈模裡面倒進15g的酥餅碎，用湯匙的背部輕輕按壓。因為希望搭配料糊的柔滑，製作出輕盈口感，所以不要壓得太緊密。可是，如果按壓的力道不足，會在烘烤之後變得鬆散，所以要多加注意。

6

酥餅碎的烘烤
【170℃／15～20分鐘】

用170℃的烤箱烤15～20分鐘，放在烤盤上冷卻。使用抹刀將酥餅碎移到鋪有烘焙紙的方形鐵盤上。
➡ 因為酥餅碎很脆弱，為了不要解體所以使用抹刀幫忙。

7

糖漬柑橘

這裡使用的柑橘是臍橙。首先，切掉頭尾，放在砧板上。小刀往前後移動，沿著橘子的圓弧線條削切掉外皮。
➡ 就算有纖維殘留也沒關係，外皮盡可能薄削，慢慢的剝，就可以削出漂亮的形狀。

8

外皮全部削乾淨後，用手拿著果肉，削掉殘餘的纖維。
➡ 如果有纖維殘留，就無法完美剝下果肉，所以要仔細去除。

9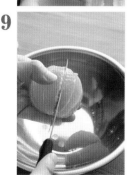

取出果肉。第一片沿著薄皮的內側切入至中央，切出V字形的刀口，取出果肉。
➡ 注意不要切斷薄皮。

10

從第二片開始，先沿著前方的薄皮內側入刀。切到中央後，刀子換面，切入果肉和後方的薄皮之間。

↓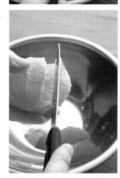

直接沿著薄皮挪動刀子，把果肉輕柔的從薄皮上剝下。

11

把精白砂糖和水放進小鍋煮沸，製作糖漿。接著，加入步驟**10**的果肉，用小火烹煮不超過5分鐘。中途若產生浮渣，就將其撈除。

12

果肉軟爛後，關火。讓果肉在浸泡湯汁的情況下放涼，恢復常溫後，冷卻。

13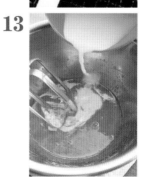

料糊

製作安格列斯醬。把牛乳放進鍋裡加熱。在溫熱牛乳的期間，把蛋黃放進攪拌盆裡打散，加入精白砂糖，馬上混合攪拌。牛乳的鍋緣咕嘟咕嘟沸騰後，倒進蛋黃的攪拌盆裡混合攪拌。

↓

隔水加熱，用攪拌刮刀不斷攪拌，一邊加熱直到呈現濃稠狀。用攪拌刮刀刮攪拌盆的底部，還有些許痕跡殘留的程度，便是判斷的標準。

↓

每次加入優格的時候，用攪拌刮刀的前端，以按壓攪拌盆畫圓的方式混合攪拌，讓優格和奶油起司充分混合。

14

把泡軟的明膠片、檸檬汁、櫻桃酒放進攪拌盆，隔水加熱，使明膠溶解。

↓

重複相同的動作，等到所有優格都加入後，進一步充分攪拌至柔滑狀態（照片）。
➡ 當材料的硬度和優格的硬度沒有太大落差時，就可以一次加入更多的份量。

15

把步驟14的材料倒進步驟13的攪拌盆裡，用攪拌刮刀混合。隔著冰水冷卻。
➡ 冷卻過度會結塊，所以要多加注意。

18

把步驟15的材料過篩到步驟17的攪拌盆裡面。攪拌混合至均勻狀態。
➡ 過篩去除顆粒、未溶解的明膠、加熱過度而形成的雞蛋結塊，製作出柔滑的口感。

16

把奶油起司放進另一個攪拌盆，用攪拌刮刀攪拌，使硬度均勻。使用攪拌盆的側面充分搓揉，直到呈現沒有結塊的柔滑狀態。
➡ 參考 P.127「搓揉奶油起司」。

19

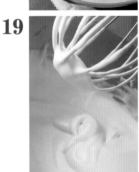

把鮮奶油放進其他的攪拌盆，隔著冰水，打發成鬆散狀態。用打蛋器撈取時，勾角馬上彎垂的硬度（照片）。

17

分次加入優格。
➡ 奶油起司和優格的硬度不同，如果瞬間加入就會結塊。所以要分次少量加入，尤其是剛開始時。

20

把步驟18的材料慢慢倒進步驟19的鮮奶油裡面，用打蛋器輕柔的撈取攪拌。

粗略混合完成後（照片），把打蛋器改成攪拌刮刀。

撈取攪拌，直到整體呈現均勻狀態（照片）。

➡ 盡量以較少次數完成混合，以避免壓破氣泡。

21

組合

把料糊倒進裝了酥餅碎的圓形圈模裡面，份量大約是6分滿的高度。

➡ 可以用湯匙撈取，也可以用擠花袋裝填。

22

把糖漬柑橘的湯汁瀝乾。分別切成2塊，塞進料糊裡面。

23

倒入剩下的料糊，直到模具的8分滿高度。放進冷藏庫冷藏15分鐘左右。

➡ 為避免步驟24擺放的糖漬柑橘下沉，料糊要預先冷卻凝固。但如果凝固程度太硬，糖漬柑橘就會在料糊上滑動，很難擺放裝飾，所以要多加注意。

24

在步驟23上面擺放瀝乾湯汁的糖漬柑橘，覆蓋表面。在冷藏庫裡冷藏凝固2小時以上。

25

利用冷卻期間製作柑橘果凍液。把糖漬柑橘的湯汁和泡軟的明膠片放在一起隔水加熱，讓明膠溶解混合。

26

步驟25的材料隔著冰水冷卻，產生稠度後，淋在步驟24的上面。撒上開心果。放進冷藏庫確實冷卻。

➡ 宛如填滿糖漬柑橘的縫隙般，讓柑橘果凍液流入。果凍液容易經由糖漬柑橘流到模具外面，所以要一點一滴的慢慢添加。

27

用微波爐加熱濕潤的毛巾，將毛巾纏繞在圓形圈模外面，拿掉模具。

➡ 如果有瓦斯槍，也可以用瓦斯槍加熱模具。模具加熱後，料糊就能更容易脫模。

28

由下往上，把酥餅碎輕輕的往上推，脫模。

8
蛋白霜
Meringue

● 為什麼要打發蛋白？

蛋白霜是利用蛋白所含的蛋白質本身的發泡性和空氣變性這2種特性所製作而成。所謂的發泡性是指混入空氣的發泡性質，而空氣變性則是藉由打發讓材料充滿空氣，以改變材料的性質。產生空氣變性的蛋白質會形成膜狀，同時維持打發狀態。可是，如果打發過度，膜的構造就會遭到破壞，呈離水狀態。離水的蛋白霜會呈現稀稀疏疏的狀態，並且無法再次恢復。

● 蛋白霜的種類

蛋白霜有法式蛋白霜、義式蛋白霜、瑞士蛋白霜3種。這本書介紹使用法式蛋白霜和義式蛋白霜製作的甜點。

● 法式蛋白霜

把砂糖放進蛋白裡面打發製成。在多數情況下，添加的砂糖用量比蛋白少上許多。硬度和體積會因為蛋白和砂糖的比例、加砂糖的時機、溫度、打發的程度而改變。硬度、體積要依照製作的甜點調整。氣泡會隨著時間經過而逐漸消失，所以製作完成後要馬上使用。

→香堤鮮奶油蛋白餅（P.140）、烤巧克力蛋糕（P.136）、達克瓦茲蛋糕（P.137）

● 義式蛋白霜

義式蛋白霜是，在確實打發的蛋白裡面倒入加熱至117～124℃的糖漿，持續打發至冷卻為止。利用加熱的糖漿，使蛋白受熱。因為有受熱的動作，食用上比較衛生，所以多半使用於生菓子。完成後的蛋白霜帶有光澤且氣泡狀態穩定。

→安茹白乳酪蛋糕（P.138）、水果慕斯（P.139）

● 瑞士蛋白霜

砂糖的比例較多，一邊隔水加熱至50℃左右，一邊打發製成。形狀維持性較高，烘烤後的硬度較硬，所以會用來烘烤成人偶或動物形狀的甜點，或是用來裝飾蛋糕，又或者用低溫長時間乾燥烘烤，製作成小甜點。

法式蛋白霜
質地的細膩度、氣泡的硬度會因蛋白的溫度和砂糖加入的時機而有所不同。

義式蛋白霜
因為混入加熱的糖漿後再打發，所以蛋白會受熱。完成後的蛋白霜呈現帶有光澤的狀態。

● 蛋白的溫度

冰冷的蛋白要花較長的時間打發。但相對之下，卻可製作出更細膩且穩定的蛋白霜。

● 打發程度因蛋白新鮮度而異

蛋白的新鮮度也會改變打發的情況。蛋白可分成位於蛋黃周圍的濃厚蛋白，以及位於其外側的水樣蛋白（稀薄蛋白），兩者的打發難易度和氣泡穩定性各有不同。雞蛋久置之後，濃厚蛋白會水樣化（稀薄化），變得更容易打發，但是氣泡比較容易破裂。

	水樣蛋白	濃厚蛋白
打發難易度	打發容易	打發困難
穩定	不穩定	穩定
時間	馬上打發	打發費時

● 砂糖的比例和打發的關係

砂糖會吸收水分，所以放入越多，黏度越高，氣泡就會更穩定。可是，黏度如果過高，就會妨礙蛋白的空氣變性，使打發變得困難。

製作蛋白霜的時候，之所以在打發之前加入少量的砂糖，等到體積增加之後，再分成2～3次加入砂糖，便是基於這個理由。打發至某程度後，藉由砂糖的階段性添加，就可以確實增加體積，同時使氣泡更加穩定。

● 加入砂糖的時機

就算蛋白和砂糖的比例相同，仍會因加入的時機而產生不同的結果。如果希望製作細緻、紮實的蛋白霜，就要趁早添加砂糖，花費更長時間打發。

另一方面，希望製作體積較蓬鬆的鬆散蛋白霜，就在打發至某程度後，再分次添加。

● 讓蛋白霜穩定的材料

只要混入蛋白粉或檸檬汁，就可以讓蛋白霜的狀態穩定。加入蛋白粉之後，蛋白的濃度會增高；檸檬汁則能使鹼性的蛋白趨近於中性，所以能夠使狀態變得更穩定。

● 法式蛋白霜　失敗的原因
其1：打發過度
一旦打發過度，就會造成離水，呈現稀稀疏疏的狀態。

其2：加糖的時機過慢
砂糖會吸收水分，使氣泡更加穩定。在精準的時機添加砂糖，就不容易造成離水。

其3：蛋白的溫度偏高
蛋白的溫度如果較高，就能更快打發，因此，離水也會變得更快。

● 義式蛋白霜　失敗的原因
其1：蛋白太冷
蛋白如果太冰涼，糖漿會在倒入的那一刻凝固，而無法遍佈整體。最重要的是，蛋白一定要放置至不冷的狀態。蛋白溫度或室溫較低的時候，就把用微波爐加熱的濕毛巾鋪在攪拌盆下方，使蛋白維持在不冷的狀態。

其2：糖漿溫度偏高
添加的糖漿要採用介於117～124℃的溫度。糖漿的溫度越高，黏稠度就會越高，打發狀態就會變差。另外，糖漿的熱也會使蛋白加熱過度，使口感變差。因此，糖漿溫度達到117℃的時候，就要馬上加入，盡可能配合時機，把蛋白打發吧！

其3：糖漿碰觸到手持攪拌器
倒入糖漿的時候，如果糖漿碰觸到手持攪拌器的攪拌葉片，糖漿就會噴濺到攪拌盆的側面，因為冷卻而凝固。這樣一來，必要份量的糖分就無法進入蛋白裡面，進而製作出不甜的義式蛋白霜。

其4：蛋白的打發不足
在倒入糖漿的時機，如果蛋白的打發不足，完成的蛋白霜的體積就會變少，同時變得黏稠。

● 瑞士蛋白霜　失敗的原因
其1：太慢打發
因為砂糖的比例較多，所以如果沒有在產生黏稠之前，打入大量的空氣，就會變成黏稠、體積欠缺，同時會下垂、滴落的蛋白霜。

138　安茹白乳酪蛋糕（→ P.147）

水果慕斯(→ P.150)

香堤鮮奶油蛋白餅

用低溫的烤箱慢火乾燥烘烤的蛋白霜，
再搭配上打發鮮奶油的法式甜點。
以個人喜愛的份量擺盤，趁鬆脆的時候大快朵頤吧！

材料（容易製作的份量）
蛋白 … 40g
精白砂糖 … 40g
糖粉 … 25g＋適量
伯爵紅茶（粉末狀）＊ … 3g
酸奶香緹（P.062） … 適量
草莓慕斯、草莓、覆盆子 … 各適量
＊茶葉用研磨攪拌機磨成粉末狀。

事前準備
・糖粉和伯爵紅茶茶葉混合過篩備用。
・烤箱預熱至100℃。

蛋白霜

1 把蛋白、約1/3份量的精白砂糖放進攪拌盆，用高速的手持攪拌器打發1～2分鐘。產生白色蓬鬆的泡沫後，加入剩下的精白砂糖（上方照片）。用低速的手持攪拌器進一步打發5～6分鐘。只要勾角不會低垂，就可以停止打發（下方照片）。

➡ 首先，用高速把空氣打進蛋白裡面。份量較少的時候，只要傾斜攪拌盆打發即可。改成低速後，因為要使蛋白霜的質地變細緻、均勻，所以要以畫大圓的方式，慢慢挪動手持攪拌器。如果氣泡較粗、大小不均的話，就容易因烘烤而龜裂。

2 加入糖粉和（25g）和伯爵紅茶茶葉，用攪拌刮刀粗略攪拌。

➡ 攪拌時，盡量避免壓破氣泡。只要沒有粉末殘留，便可停止攪拌。

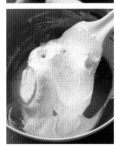

只要沒有粉末殘留，便可停止攪拌。裝進裝有星形花嘴（12齒、8號）的擠花袋裡面，擠在鋪有烘焙紙的烤盤上。用100℃的烤箱乾燥烘烤150分鐘，直接在烤箱裡放涼。

擠花

3 玫瑰：擠花袋垂直抓握，擠出直徑4.5㎝的圓形。在終點時，注意不要讓尾端超出圓形。另外，高度也要注意，讓整體的高度一致。

貝殼：擠花袋傾斜45度，把花嘴的邊緣靠著烤盤，開始擠出。一邊擠出，一邊在維持角度的情況下，讓花嘴位置增高1㎝左右。這樣一來，擠出的蛋白霜就會往後流，形成膨脹。長度大約4㎝之後，停止擠花，把擠花袋往前方拉。

星：擠花袋垂直抓握，花嘴的位置維持在距離烤盤1㎝左右的高度。直徑達到2㎝後，停止擠花，把擠花袋直接往上拉提。

左頁的裝盤

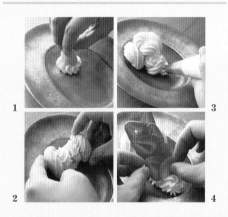

1 擠出圓形的酸奶香緹，放上一小塊冷卻凝固的草莓慕斯（P.150）。 **2** 用2個玫瑰形狀的蛋白霜，夾住1個圓形的酸奶香緹。 **3** 在步驟**2**的前方擠出酸奶香緹。 **4** 裝飾上切片的草莓。在前方擠出些許的酸奶香緹，在上面擺上星形的蛋白霜。裝飾上覆盆子，撒上糖粉。

烤巧克力蛋糕

用質地細緻且柔軟的蛋白霜製成，
有著濕潤口感的巧克力蛋糕。
入口即化，儘管小巧迷你卻濃醇極致。

材料（直徑9cm、高度6cm的傑諾瓦士蛋糕模具／2個）

奶油 … 48g

黑巧克力（可可含量57%）… 40g

黑巧克力（可可含量70%）… 40g

精白砂糖 … 24g

蛋黃 … 24g

低筋麵粉 … 8g

可可粉 … 2g

蛋白 … 48g

精白砂糖 … 24g

事前準備

· 使用巧克力片時，要預先切碎備用。

· 低筋麵粉和可可粉混合過篩備用。

· 蛋白放進攪拌盆，放進冷凍庫冷凍至邊緣呈現鬆脆
   狀。

· 烤箱預熱至160℃。

1

麵糊

把剪裁成高度6cm × 長度約33cm的烘焙紙，放進模具裡面，覆蓋側面，剪裁成直徑9cm的烘焙紙鋪在底部。

➜ 烘焙紙把表面鋪在內側。只要表面鋪在內側，烘烤膨脹的蛋糕在冷卻時，就會在不沾黏於烘焙紙的情況下，完美下沉。

2

把奶油、巧克力、精白砂糖放進攪拌盆，隔水加熱，奶油和巧克力溶解後，用攪拌刮刀攪拌至呈現光澤。

3

把蛋黃放進步驟2的攪拌盆裡面，用攪拌刮刀混合攪拌至滑溜Q彈的狀態。

4

把混合過篩的低筋麵粉和可可粉全部放入，用打蛋器混合攪拌，直到粉末消失為止。

5

把打蛋器換成攪拌刮刀，混合攪拌至均勻狀態。為避免冷卻，需持續隔水加熱。

6

蛋白放進攪拌盆，放進冷凍庫，冷凍至邊緣如照片般變得鬆脆程度。

7

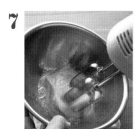

把一撮精白砂糖放進步驟**6**的攪拌盆裡面，用高速的手持攪拌器打發。

➡ 剛開始的份量比較少，只要要傾斜攪拌盆，就比較容易打發。

8

呈現白色後，把剩下的精白砂糖全部加入，改用中速，進一步打發。

➡ 用中速調整質地，慢慢的打發。

9

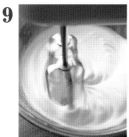

攪拌的條紋清楚顯現（上方照片），撈起時，勾角柔軟垂落，同時呈現光澤後（下方照片），就可以停止打發。

➡ 因為使用確實冷卻的蛋白，再加上一次加入精白砂糖，所以必須花較長的時間打發，但卻可以製作出紮實、柔軟的蛋白霜。

↓

10

把步驟**5**的麵糊全部倒進步驟**9**的蛋白霜裡面，用攪拌刮刀從下往上撈，混合攪拌。

➡ 剛開始攪拌會水水的，但只要持續攪拌就會乳化，呈現柔軟Q彈的狀態。巧克力如果沒有在溫熱狀態下加入，空氣就會跑進麵糊裡面，要多加注意。

11

烘烤【160℃／24分鐘】

把步驟**10**的麵糊倒進步驟**1**的模具裡面。讓模具摔落在手掌上，使表面平坦。放在烤盤上，用160℃的烤箱烘烤24分鐘。

➡ 只要裂痕呈現乾燥，就可以出爐了。

12

出爐後，馬上輕摔在鋪有毛巾的調理台上，排出蛋糕裡的熱空氣，放在鐵網上冷卻。

13

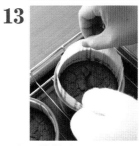

放涼的時候，蛋糕會下沉，表面會變得平坦。把側面的烘焙紙拉出來（上方照片），把模具倒扣，讓蛋糕掉出在手掌上面（下方照片）。

↓

14

放在鐵網上冷卻。

達克瓦茲蛋糕

外面酥脆、內部鬆軟的蛋糕，正是我最喜歡的達克瓦茲蛋糕。
蛋白霜的打發狀態、蛋白霜和粉末材料混合的狀態是重點。
因為有鮮奶油夾心，所以要在 3 天內吃完。

材料（6個）

● 義式蛋白霜（容易製作的份量）

蛋白 … 30g

精白砂糖 … 60g

水 … 20g

● 奶油霜（容易製作的份量）

奶油 … 135g

義式蛋白霜 … 上述全量

● 堅果巧克力奶油

奶油霜 … 上述份量取30g

杏仁堅果糖 … 15g

黑巧克力（可可含量70％）… 5g

● 達克瓦茲麵糊

杏仁粉 … 55g

糖粉 … 30g

低筋麵粉 … 12g

蛋白 … 75g

精白砂糖 … 34g

檸檬汁 … 3g

事前準備

· 義式蛋白霜的蛋白放置至不冷的狀態。

· 製作義式蛋白霜（參考P.147～148「安茹白乳酪蛋糕」步驟**3～7**）。

· 奶油放置至軟化。

· 使用巧克力片時，要預先切碎備用。

· 達克瓦茲麵糊的蛋白放進攪拌盆，放進冷凍庫冷凍至邊緣呈現鬆脆狀。

· 烤箱預熱至180℃。

1

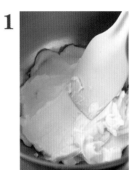

奶油霜

用攪拌刮刀攪拌預先放置至常溫的奶油，混合成均勻狀態。

➡ 奶油如果有結塊，擠花的時候會造成堵塞。

2

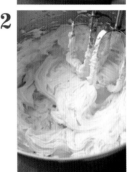

使義式蛋白霜冷卻，放進步驟**1**的攪拌盆。用低速的手持攪拌器充分攪拌乳化，讓材料充滿空氣。

➡ 混合時，要先把義式蛋白霜冷卻至不會使奶油溶解的溫度。奶油一旦溶解，會讓狀態變得鬆散，也會使口感變差。

3

堅果巧克力奶油

把杏仁堅果糖和黑巧克力混在一起，隔水加熱溶解混合。冷卻至常溫後，加進奶油霜裡面。用攪拌刮刀混合攪拌。

➡ 這裡的重點也是避免奶油溶解。

4

達克瓦茲麵糊

把杏仁粉、糖粉、低筋麵粉混合在一起，過篩2次。

➡ 混合過篩，可以讓杏仁粉裹上糖粉，就可以預防杏仁的油分使蛋白霜的氣泡消除。

5  蛋白放進攪拌盆，預先放進冷凍庫，冷凍至邊緣呈現鬆脆狀態。

↓  當蛋白霜和攪拌盆之間開始產生縫隙，就可以停止打發。

6  在步驟5的攪拌盆裡放進一撮精白砂糖和檸檬汁，用高速的手持攪拌器打發，直到份量增加為止。
➡ 首先，用高速打發，讓材料充滿空氣。份量太少的時候，只要把攪拌盆傾斜，就會比較容易打發。

↓  撈起來後，呈現挺立的勾角。

7  如照片般，份量增多之後，把剩下的精白砂糖的一半份量加入。改用中速，進一步打發。
➡ 調降速度，調整質地，打發至含有大量細緻均勻氣泡的狀態。

9 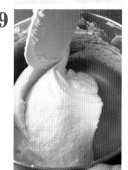 把步驟4的材料全部放入，用攪拌刮刀撈取攪拌。當粉末消失、產生光澤後，馬上停止攪拌。注意不要攪拌太久。

8  調整出如照片般的質地後，加入剩下的精白砂糖。持續用中速，進一步打發5分鐘。

10  用噴水器把矽膠模板噴濕。放在鋪有烘焙紙的烤盤上面，把模板內側以外的水分擦乾。
➡ 預先把模板的內側噴濕，再擠進麵糊，就比較容易脫模。

11

把步驟 **9** 的麵糊裝進裝有口徑 12 mm圓形花嘴的擠花袋裡面，擠進模具裡面，沒有縫隙的填滿。

➜ 高度比邊緣略微高出。

12

用抹刀把麵糊壓進模板裡面。

13

用抹刀刮掉多餘的麵糊，把表面抹平。

14

把模板往正上方輕輕拿起。

15

連同烘焙紙一起移放到烤盤上面。用濾茶網篩撒糖粉，放置一段時間。

16

如照片般，糖粉溶解後，再次用濾茶網篩撒糖粉。

17

烘烤【180℃→150℃／16分鐘】

放進預熱至180℃的烤箱，把溫度調整成150℃，烘烤16分鐘。直接在烤盤上放涼。

18

組合

把堅果巧克力奶油裝進擠花袋，分別在底部的達克瓦茲蛋糕上面擠上5g的堅果巧克力奶油（擠花袋的製作方法→P.061）。

19

夾上另一片蛋糕。

奶油霜

奶油霜有單純把奶油打發的種類，以及與炸彈麵糊或義式蛋白霜混合的種類。多餘的奶油霜亦可冷凍保存。

安茹白乳酪蛋糕

在奶油起司混入義式蛋白霜和打發的鮮奶油，
口感鬆軟的甜點。重點就是讓材料充滿空氣。
內餡也可以不用明膠凝固，在吃的時候以沾醬形式隨盤附上。

材料（使用直徑6.5cm、高度5cm的容器）

● 內餡（24個）
覆盆子泥*¹ … 100g
精白砂糖 … 20g
檸檬汁 … 6g
覆盆子的甜露酒（「覆盆子香甜酒」LEJAY）*² … 6g
明膠片 … 2g

● 義式蛋白霜（10個的份量）
蛋白 … 45g
精白砂糖 … 90g
水 … 30g

● 起司奶油（10個的份量）
奶油起司 … 80g
白乳酪*³ … 95g
鮮奶油 … 100g
義式蛋白霜 … 上述份量取56g

不織布紗布（20cm方形）*⁴ … 每個使用2片

＊1：市售品。把冷凍產品解凍使用。
＊2：如果沒有，就使用櫻桃酒。
＊3：乳酸發酵，未熟成的新鮮起司。脂肪含量較少，風味清爽。
＊4：基於衛生考量，使用拋棄式的不織布紗布（「KP Disposable Gauze」cotta）。烘焙材料行等地方都可以買到，如果買不到的話，藥房可買得到的醫療用殺菌紗布也可以。

事前準備
· 明膠片用冰水泡軟。
· 蛋白、奶油起司、白乳酪預先放置至不冷的狀態。

1

內餡
把明膠片以外的材料，全部放進攪拌盆。隔水加熱攪拌，使精白砂糖溶解。溫熱後，加入泡軟的明膠片，一邊混合溶解。

2

倒進直徑3cm的半球形多連矽膠模裡面，放進冷凍庫冷凍。
➡ 多連矽膠模是矽膠製的柔軟模具。可用於冷凍，也可用於烘烤。

3

義式蛋白霜
把蛋白放進攪拌盆，加入少量的精白砂糖。

4

製作糖漿。把剩下的精白砂糖和水放進鍋裡加熱，輕微攪拌後，加熱至沸騰。
➡ 精白砂糖會沉澱在鍋底，形成焦糖狀，所以要輕微攪拌。不需要完全溶解。

5

把步驟 3 的攪拌盆傾斜，用手持攪拌器高速打發。份量增加之後，讓攪拌盆直立，進一步打發。

➡ 蛋白的份量較少，所以在份量增多之前，要把攪拌盆傾斜，比較容易打發。

9

鮮奶油放進攪拌盆，隔著冰水，打發至八分發的程度。

6

步驟 4 的糖漿開始沸騰後，放進溫度計測量溫度。

10

把義式蛋白霜倒進步驟 9 的攪拌盆，用打蛋器撈取攪拌。

➡ 用打蛋器撈取時，會因重量而自然懸掛在鋼絲上，之後再慢慢往下滴落。重複這樣的動作，盡可能避免壓破氣泡，以較少的次數加以混合。

↓

步驟 5 的蛋白打發至白色鬆軟狀態，糖漿烹煮至 117℃之後，避開手持攪拌器的攪拌葉片，把糖漿倒進攪拌盆裡，攪拌打發。

11

鮮奶油和義式蛋白霜粗略混合後，把步驟 8 的奶油起司全部倒入。

➡ 鮮奶油和義式蛋白霜粗略混合，各處呈現雲石狀之後，就把步驟 8 的材料倒入步驟 10 的攪拌盆裡面。

7

攪拌盆的熱度消退，攪拌的條紋痕跡清晰，打發作業就完成了。

➡ 因為和鮮奶油混合，所以要確實冷卻。

12

以相同方式，攪拌步驟 10（上方照片）。粗略混合即可（下方照片）。

8

起司奶油

把奶油起司放進攪拌盆，分次加入白乳酪，每次加入時，要用攪拌刮刀攪拌混合。全部都加入後，充分攪拌至沒有結塊的柔滑狀態。

➡ 因為硬度不同，所以如果沒有分次添加，就會產生結塊。等到硬度接近之後再一次加入多量即可。

↓

14

組合

把 2 片不織布紗布（20 cm 方形）重疊鋪放在塑膠杯裡面。

15

把起司奶油裝進裝有口徑 12 mm 圓形花嘴的擠花袋裡面，擠進步驟 **14** 的塑膠杯裡面，直到高度的八分滿。

16

把結凍的內餡從多連矽膠模裡面取下，塞進步驟 **15** 的正中央，深入至杯子中央。

17

擠進起司奶油，蓋住內餡。

18

把紗布折起來，蓋上杯蓋或用保鮮膜包覆。在冷藏庫裡冷藏凝固一晚。

小鍋和溫度計

製作義式蛋白霜的時候，最重要的關鍵是把糖漿加熱至 117℃。只要預先準備耐熱溫度計，就可以精準測量。另外，糖漿的份量很少，所以要使用小鍋製作。製作焦糖或糖漬柑橘（P.128）的時候，也要使用小鍋。如果用大鍋，水分就會蒸發過多。

水果慕斯

為了直接感受水果風味，
用義式蛋白霜製作草莓慕斯。
慕斯裡面有紅莓果凍和香草巴伐利亞奶油。增添美味和濃郁。

材料（直徑12cm、高度4cm的圓形圈模／2個）

● 草莓和覆盆子果凍
覆盆子泥*¹ … 40g
鮮奶油（乳脂肪含量38%）… 16g
精白砂糖 … 10g
覆盆子的甜露酒
（「覆盆子香甜酒」LEJAY）… 2.5g
明膠片 … 0.75g

● 香草巴伐利亞奶油
安格列斯醬
　牛乳 … 56g
　香草豆莢 … 1/5條
　蛋黃 … 20g
　精白砂糖 … 15g
明膠片 … 1.8g
鮮奶油（乳脂肪含量38%）… 53g

● 彼士裘伊麵糊
蛋黃 … 40g
精白砂糖Ⓐ … 20g
蛋白 … 80g
精白砂糖Ⓑ … 40g
低筋麵粉 … 62g
糖粉 … 適量

● 義式蛋白霜（容易製作的份量）
蛋白 … 34g
精白砂糖 … 50g
水 … 17g

● 草莓慕斯
草莓泥*¹ … 108g
明膠片 … 6g
鮮奶油（乳脂肪含量38%）… 126g
義式蛋白霜 … 上述份量取63g

● 草莓鏡面果膠*²
草莓泥*¹ … 25g
草莓醬 … 5g
明膠片 … 2g

● 最後加工
鮮奶油 … 適量
草莓 … 約9～10顆

＊1：市售品。把冷凍的產品隔水加熱溶解，放置至不冷的狀態後使用。
＊2：鏡面果膠用來防止蛋糕或裝飾的水果表面乾燥，同時增添光澤。

事前準備

・明膠片用冰水泡軟。
・製作義式蛋白霜（參考P.147～148「安茹白乳酪蛋糕」步驟**3～7**）。多餘的義式蛋白霜只要和奶油混合，製成奶油霜即可。
・安格列斯醬的蛋黃預先放置至不冷的狀態。
・製作彼士裘伊麵糊（參考P.086～088「水果蛋糕捲」步驟**1～13**）。

1

覆盆子果凍

把食用級的酒精噴灑在直徑9 cm、高2 cm的圓形圈模上面,進行消毒。覆蓋上保鮮膜,把4個部位扭緊密封起來。

➡ 因為是未經加熱的甜點,所以模具要用酒精消毒。

2

只要加以扭轉,就可以拉平表面的皺褶。

↓

在瓦斯爐上面稍微烘烤。

➡ 遠離火爐,稍微烘烤。

↓

皺褶拉平,呈現平滑的狀態。把貼有保鮮膜的那一面朝下,排放在調理盤上面。

3

把覆盆子泥放進攪拌盆裡面,鮮奶油和精白砂糖混合煮沸後倒入。用攪拌刮刀充分攪拌混合乳化。

4

把覆盆子的甜露酒和泡軟的明膠片放進另一個攪拌盆,隔水加熱溶解備用。接下來倒進步驟3的材料,用攪拌刮刀充分攪拌。

5

分別在步驟2的圓形圈模裡面,倒進步驟4的材料(33 g)。放進冷凍庫冷凍。

6

香草巴伐利亞奶油

製作安格列斯醬。把牛乳和香草豆莢放進小鍋,用小火烹煮至鍋緣咕嘟咕嘟沸騰為止。

7

把蛋黃放進攪拌盆，充分打散後，加入精白砂糖，馬上用打蛋器搓磨混合。一邊攪拌，一邊把步驟 **6** 的材料倒入。

➡ 加入精白砂糖後，如果不馬上攪拌，就會結塊，所以要多加注意。

8

倒回步驟 **6** 的小鍋，用極小火加熱。用攪拌刮刀不斷攪拌，一邊慢慢加熱。

➡ 因為份量較少，所以稍不注意就會結塊。偶爾要從爐子上移開攪拌，慢慢的加熱。

9

如照片般，產生稠度後，加入泡軟的明膠片，溶解攪拌。

10

過濾至隔著冰水的攪拌盆裡面，用攪拌刮刀攪拌冷卻。冷卻後，移開冰水。

➡ 過濾去除結塊、繫帶、香草豆莢的豆莢，製作出柔滑的口感。急速冷卻是為了盡可能縮短細菌容易繁殖的溫度區間。

11

把鮮奶油打發至七分發，從中撈取到步驟 **10** 的攪拌盆裡面，用打蛋器混合攪拌。

12

把步驟 **11** 的材料全部倒進放有打發鮮奶油的攪拌盆裡面。剛開始先用打蛋器慢慢撈取攪拌。

13

粗略混合後，改用攪拌刮刀進一步撈取攪拌。大理石狀的紋路消失，充分混合均勻後，便可停止攪拌。

14

把步驟 **13** 的材料倒進先前用來冷卻凝固覆盆子果凍的圓形圈模裡面，倒入的份量直到模具的邊緣為止，然後放進冷凍庫冷凍。

15

彼士裘伊麵糊

把彼士裘伊麵糊裝進裝有口徑 10 mm 圓形花嘴的擠花袋裡面，擠出長 6 cm 的棒狀。（每個模具約使用 21 支）

➡ 擠花袋平放，擠出長度 6 cm。

16

在鋪有脫模紙的烤盤上面，把剩下的麵糊擠成直徑 12 cm 的圓形。

➡ 擠花袋垂直抓握，讓花嘴前端距離脫模紙 2～3 cm。讓擠出的麵糊垂落在脫模紙上面，慢慢纏繞成圓形即可。

17

烘烤【200℃／15分鐘】

分別用濾茶網把糖粉篩撒在上面，糖粉溶解看不見之後，再重複篩撒一次（照片）。用200℃烘烤15分鐘。連同脫模紙一起移放在鐵網上冷卻。

↓

18

草莓慕斯

草莓泥隔水加熱，溫熱後放入泡軟的明膠片攪拌溶解。隔著冰水冷卻。

➡ 冷卻過度會造成結塊，所以冷卻後就要馬上移開冰水。

↓

倒回步驟**20**的攪拌盆。

19

鮮奶油打發至七分發。

➡ 往上撈起時，會整陀一起滴落的硬度。

22

用打蛋器撈取混合。如照片般，粗略混合之後，把打蛋器換成攪拌刮刀。持續撈取混合，攪拌成均勻的狀態。

➡ 盡可能減少混合的次數，以避免壓破氣泡。

20

把義式蛋白霜放進步驟**19**的鮮奶油裡面。一邊注意避免壓破氣泡，一邊用打蛋器撈取攪拌。

➡ 用打蛋器撈起，讓材料穿過鋼絲之間滴落，反覆攪拌。

23

組合

把2種彼士裘伊蛋糕從脫模紙上面撕下來。棒狀類型把單邊切成長度5cm。

21

把步驟**20**的材料撈進步驟**18**的攪拌盆裡面（左方照片），充分混合（右上照片）。

24

用直徑10.5cm的模具，把烘烤成圓形的彼士裘伊蛋糕壓模成圓形。

25

在托盤噴上消毒用酒精，鋪上OPP膜，用手推擠出空氣，讓OPP膜緊貼於盤底。放上直徑12㎝的圓形圈模，倒入草莓慕斯，直到模具的一半高度。
➡ OPP膜是堅韌且有彈性的透明薄膜。

26

用左手確實固定圓形圈模，用攪拌刮刀把慕斯推往模具邊緣，擠出空氣。

27

把放進覆盆子果凍和香草巴伐利亞奶油結凍的圓形圈模取出，撕掉底部的保鮮膜。用手溫熱側面，把圓形圈模往上輕輕拿起。

28

把覆盆子果凍朝上，放進步驟**26**的中央。一邊固定圓形圈模，一邊輕輕按壓果凍，把果凍嵌進中央。
➡ 以平放的狀態，嵌進草莓慕斯的中央。如果沒有確實固定圓形圈模，圓形圈模就會浮起，慕斯就會從底下溢出。

29

用攪拌刮刀把溢出的草莓慕斯傾斜抹平。
➡ 去除多餘的慕斯，讓高度恰巧可以嵌進步驟30的彼士裘伊蛋糕。

30

用左手確實固定圓形圈模，讓步驟24彼士裘伊蛋糕的底部朝上，用手按壓，讓彼士裘伊蛋糕與慕斯緊密貼合。

31

用保鮮膜覆蓋表面，把調理盤（或砧板等平坦物品）放在上面，從上面往下緊密按壓，把表面壓平。

32

拿掉調理盤。慕斯固定成形後，用手指沿著模具邊緣撫摸一圈，讓模具更容易脫模。放進冷凍庫冷凍一晚。

33

草莓鏡面果膠

把草莓泥和果醬放進攪拌盆隔水加熱，加入泡軟的明膠片溶解攪拌。放涼後使用。
➡ 只要在最後加工的期間，或是慕斯放進冷藏庫冷藏的期間製作就可以了。

34

最後加工

把步驟**32**的圓形圈模從冷凍庫裡面取出，撕掉底部的OPP膜。讓彼士裘伊蛋糕朝下，放在塑膠杯等物品的上方。把用微波爐加熱的濕毛巾平貼在側面，使模具溫熱。
➡ 如果有瓦斯槍，就用瓦斯槍加熱模具。

35

把圓形圈模往下移除。

36

用抹刀移放到調理盤（或是裝盤用的盤子），放到旋轉台上。用抹刀在側面薄塗上一層打發至鬆散程度的鮮奶油。

➡ 鮮奶油是用來黏接彼士裘伊蛋糕的，所以只要使用現有的成品即可，不需要塗抹得太漂亮。

37

把步驟23的彼士裘伊蛋糕黏貼在側面。

38

用手按壓，讓彼士裘伊蛋糕緊密黏貼在慕斯上面，放進冷藏庫。

39

把切成對半的草莓裝飾在步驟38的蛋糕上面，用矽膠刷在表面抹上草莓鏡面果膠。撒上切碎的開心果。

➡ 鏡面果膠先塗抹在草莓的表面，剩餘的份量就用矽膠刷裹上大量，讓鏡面果膠滴落在草莓之間，把全部的份量用完。

40

製作出草莓之間也充滿鏡面果膠的狀態。放進冷藏庫，讓慕斯解凍。大約2小時之後便是最適合品嚐的美味時刻。

9
派
Feuilletage

● 最重要的是，不要讓奶油融化

製作派皮時，必須重複用麵粉製作的麵團包覆奶油，擀薄之後再加以折疊。因此，用高溫烘烤派皮的時候，奶油的水分會瞬間變成水蒸氣，把麵團往上推，將重疊的薄麵團烘烤成重疊的層狀。之所以能夠把奶油擀薄，是因為奶油具有名為可塑性的特性。所謂的可塑性是指像黏土那樣，可任意改變形狀的性質，奶油在13～18℃的時候，更加能夠發揮這種性質。如果太冰涼，折疊的時候就會應聲折斷，如果太軟化的話，便會失去可塑性，無法延展。另外，奶油一旦溶解，就會滲進麵團裡面，無法烘烤出漂亮的層次。因此，製作派皮時，最應該注意的重點便是，使奶油維持在可折疊的最佳溫度。

● 為什麼每折疊一次，就要放進冷藏庫冷藏？

派皮在每次折疊之後，至少要放進冷藏庫冷藏30分鐘。這是為了使奶油維持在容易折疊的狀態，同時使麵粉製作的麵團能夠產生更好的延展性。派皮擀壓後，用麵粉製作的麵團就會受力，產生麩質（參考P.177），變得不容易延展。放進冷藏庫冷藏之後，麩質的結合就會變得鬆散，就能更容易延展。另外，如果在折疊中途發現奶油有融化的跡象，就要暫時停止作業，先放進冷藏庫冷藏一段時間，之後再取出繼續作業。

● 每次折疊後，改變方向

派皮要在每次折三折和四折的時候，把方向旋轉90度之後，再進行下一個三折、四折。這是因為如果固定在相同方向擀壓，烘烤時，派皮就會只朝相同方向收縮，同時，烘烤出爐的形狀也會變形。因此要藉由每次折疊改變方向的方式，使派皮在烘烤時均勻收縮。

● 折疊的訣竅在於直角的製作

擀壓的麵團要使兩側的邊呈現筆直，使角呈現直角。邊如果呈現圓弧，該部分就會在折疊時缺少層疊，出爐後的厚度也會變得不均勻。折疊的時候，要確實對齊邊緣和直角後再進行折疊。

● 為了不要沾黏麵糰，用手粉吧

在伸展、折疊麵糰的時候，為了不要黏在工作檯上，請確實的一邊使用手粉一邊進行作業吧。

派皮製作方法

法式千層酥的材料（5個）

● 水麵團*¹

低筋麵粉 … 100g

高筋麵粉 … 50g

水 … 75g

鹽巴 … 2g

檸檬汁 … 1g

融化奶油*² … 15g

奶油 … 110g

皇冠杏仁派的材料（直徑16cm／2個）

● 水麵團*¹

低筋麵粉 … 170g

高筋麵粉 … 65g

水 … 100g

鹽巴 … 4g

檸檬汁 … 1g

融化奶油*² … 50g

奶油 … 100g

＊1：水麵團是指在麵粉裡混入鹽巴或水等材料的麵團。製作派皮
時，多半都是指折入奶油之前的麵團。

＊2：隔水加熱，或用微波爐的解凍模式溶解備用。

1

水麵團

把低筋麵粉和高筋麵粉放進攪拌盆，用指尖搓揉混合。

➡ 粉類就算沒有過篩也沒關係。

2

把鹽巴放進水裡溶解，混入檸檬汁。倒進步驟**1**的攪拌盆。

3

用手指搓揉混合。

4

粗略混合後，加入融化奶油。

5

用手混合。

6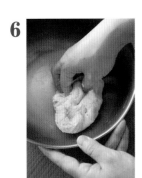

混合完成後，宛如用麵團擦掉粉末似的，把所有材料全部集中成團。

7

搓揉成團後，把底部包覆起來。

➡ 就算表面粗糙也沒關係，只要搓揉成一團即可。

8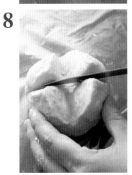

在表面切出深入至麵團一半高度的十字形切口。為避免乾燥，用塑膠膜包覆起來，放進冷藏庫冷藏一晚。

9

敲鬆奶油

用塑膠膜把剛從冷藏庫取出的奶油包覆起來，用擀麵棍敲打軟化。

10

折成對折，用塑膠膜包著。

11

用擀麵棍敲打至延展性較佳的狀態。

12

用擀麵棍擀壓成厚度1～1.5cm，邊長8cm的正方形。放進冷凍庫冷藏10～15分鐘。

➡ 如果太軟，奶油就會變得容易溶解，無法折疊，但如果冷卻太久，導致凝固的話，則會容易碎裂。要調整至冷卻同時又容易擀壓的硬度。

13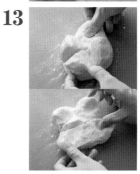

包覆奶油

把步驟 **8** 切出的切口往外掀（上方照片），攤開麵團（下方照片）。

14

用擀麵棍擀壓麵團，直到大小可以完整包覆步驟 **12** 的奶油。

➡ 就算不是工整的正方形也沒關係。注意千萬不要把大小擀壓得過大。大小只要足夠包覆奶油就可以了。

15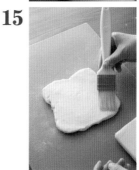

用刷子把表面的粉掃掉。

➡ 如果有粉末，麵團和奶油就無法緊密附著。

16  把步驟12的奶油放在麵團的中央。讓麵團緊密對齊奶油的側面，往內折，用麵團把奶油包起來。

↓ 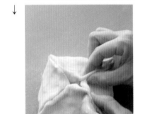 抓捏麵團的接縫處，封住缺口。

↓  密封完成。

17 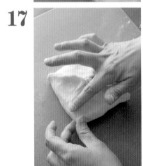 把密封的折角全部倒向相同方向。
➡ 接縫處如果太長或太厚，就會讓上方的麵團變厚。因此，步驟14擀壓的大小相當重要。

18 

擀壓麵團

撒上手粉，翻面，用擀麵棍用力按壓，讓麵團和奶油緊密貼合。
➡ 擀壓期間要視情況需要，輕撒上手粉。

19  麵團還很厚的期間，要用擀麵棍用力按壓，讓擀麵棍滾動半圈，慢慢的擀壓。

20  麵團變薄之後，滾動擀麵棍，使麵團延展。擀麵棍不要滾動到麵團的邊緣，在快到邊緣的時候停止。

21  擀壓步驟20中沒有擀壓到的邊緣部分。首先，把擀麵棍平貼在正中央的位置，再往左右滾動擀壓。

↓ 接著，擀麵棍朝向角落傾斜滾動，擀壓出漂亮的直角。四個角落都要重複相同動作。

22  重複步驟20～21的動作，直到麵團的長度達到20 cm左右。
➡ 不要一口氣用力擀壓延展，把擀麵棍重複平貼，一點一滴的慢慢擀壓。可是，作業速度要加快，以免奶油溶解。

23

三折

用刷子掃掉麵團表面的粉。

24

從下方往上折至⅓處。

25

用擀麵棍往下壓,讓折疊部分的麵團輕輕貼合。

26

修整形狀,使邊緣呈現筆直。

27

用擀麵棍在麵團上滾動,讓麵團之間緊密貼合。

28

掃掉折疊部分的粉。

➡ 這個時候,要讓折疊麵團的角呈現漂亮的直角。在步驟 **26**,調整麵團邊緣的形狀,之後在步驟 **27**,把擀麵棍擀壓至麵團的邊緣。

29

從上往下折。確實對齊直角,對折。

30

用擀麵棍輕輕滾動,讓麵團之間緊密貼合。

31

麵團轉向90度。

32

把擀麵棍放在與折邊相反的邊上面,確實按壓。

➡ 擀麵棍確實按壓,使麵團稍微凹陷,讓麵團緊密貼合,以避免產生移位。步驟 **33~34** 也相同。

33

也把擀麵棍平貼在麵團的前方和後方的邊緣，確實按壓。

↓

和步驟**21**相同，擀壓沒有擀壓到的邊緣。

→ 首先，把擀麵棍平貼在正中央的位置，再往左右滾動擀壓。接著，擀麵棍朝向角落傾斜滾動，擀壓出漂亮的直角。

34

像是壓出打叉符號一般，交叉擺放上擀麵棍，確實按壓。

38

整體擀壓出均勻厚度後，把麵團從調理台上抬起，啪噠啪噠的輕輕上下晃動，放鬆麵團（下方照片），翻面。

35

擀麵棍下壓的位置分別如虛線所示。

↓

中途如有氣泡產生，就用刀尖刺破，再用手指輕壓麵團，撫平小孔。

36

四折

把步驟**35**的麵團翻面，把擀麵棍用力下壓，滾動半圈，一點一滴的慢慢延展整體。

39

重複步驟**37～38**，把麵團擀壓成30 cm左右的長度。用刷子掃掉表面的粉，把前方的邊緣往上折到麵團中央（虛線）的略前方。

→ 如果一口氣擀薄，就無法完美延展。要一點一滴的慢慢擀壓，使厚度均勻後再翻面，然後再重複擀壓。可是，作業速度要加快，以免奶油溶解。

37

達到某程度的長度後，滾動擀麵棍，擀壓麵團。擀麵棍不要滾動到麵團的邊緣，在快到邊緣的時候停止。

40

把擀麵棍平貼在折疊的部分，輕輕滾動，使麵團之間緊密貼合。

41
把後方的邊緣往內折，與步驟**40**折疊的麵團邊緣緊密接合。
➡ 為製作出完美的層疊，麵團的接合處要稍微偏離中央（如果這裡的麵團接合處，和步驟**44**進行二折時的接合處相重疊，接合處容易脫離，就無法製作出完美的層疊）。

42
擀麵棍輕輕滾動，讓麵團之間緊密貼合。

43
如果麵團的邊緣沒有確實對齊角落，就要調整麵團的長度。

44
折成對半。

↓
摺疊完成後，使邊緣確實對齊。

45
把擀麵棍放在與折邊相反的邊上面按壓，使麵團緊密貼合。

46
把擀麵棍平貼在左右邊緣，用力往下壓，使麵團緊密貼合。

47
用擀麵棍按壓出打叉符號，使麵團緊密貼合。

48
擀麵棍下壓的位置分別如虛線所示。

49
用塑膠膜包起來，在冷藏庫放置1小時。

50
三折（23～35）1次，接著四折（36～48）2次。

51
在冷藏庫放置1小時。

法式千層酥

層疊上數層派皮，烘烤出輕盈的酥脆口感。
表面製成焦糖化，增添隱約的苦澀。
注意避免奶油融化，折疊出完美的層次吧！

材料（5個）
● 派皮（P.160）

● 甜點師奶油餡
牛乳 … 225g
香草豆莢 … 適量
蛋黃 … 50g
精白砂糖 … 50g
低筋麵粉 … 10g
玉米粉 … 10g
奶油 … 30g
櫻桃酒 … 5g

● 組合
草莓 … 約7顆

事前準備
‧ 參考「派皮製作方法」（P.160），製作派皮。
‧ 烤箱預熱至230℃。
‧ 製作甜點師奶油餡（參考P.105～106「泡芙」
　27～38步驟。可是，不需要像泡芙用奶油餡那樣
　烹煮收乾，所以必須多加注意）。拌煮完成後，
　加入奶油混合。

1

擀壓派皮

把派皮放在調理台上，讓折
痕呈現水平方向，撒上手粉。

2

讓擀麵棍滾動半圈，用力擀
壓。

3

把擀麵棍往前後滾動擀壓。
接著，再往左右擀壓，翻面。

4

讓派皮旋轉90度，利用與步
驟**3**相同的方式擀壓。

↓
派皮變薄之後,把擀麵棍完全平貼在上面,擀壓出均勻的厚度。

↓
翻面時,把派皮捲在擀麵棍上面,往上提起,翻面,再攤放在調理台上。

5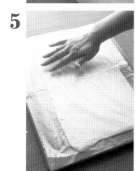
擀壓成厚度3㎜的長方形,用塑膠膜夾住,放進冷藏庫冷藏1小時。

6
撕掉塑膠膜,把長邊分成3等分,切開。用叉子在整體各處扎小孔。

7
烘烤❶【200℃/15分】
在烤盤鋪上烘焙紙,放上派皮,用200℃烘烤15分鐘。

8
烘烤❷
【180℃／10～15分鐘】
派皮烤出漂亮的焦色之後,連同烤盤一起取出。依序把烘焙紙和另一個烤盤放在派皮上面。

9
輕輕按壓放在最上方的烤盤,壓扁派皮。
➡ 力道不要太大。

10
把放在上面的烤盤翻面,重疊。

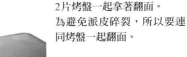

↓　2片烤盤一起拿著翻面。
為避免派皮碎裂，所以要連同烤盤一起翻面。

15

用230℃的烤箱烘烤5分鐘，使表面焦化。如果經過5分鐘，糖粉仍然沒有完全融化，就再放進烤箱。因為容易焦黑，所以烘烤完成後要馬上取出。直接放在烤盤上冷卻。

➡ 步驟**12**裁切的派皮要放在最上方，所以要確實讓糖粉融化。其他2片就算沒有完全融化也沒關係。

11

拿掉上方的烤盤，翻面，重疊在烘焙紙的上方。在放置著烤盤的情況下，直接用180℃烘烤10～15分鐘。

➡ 把烤盤當成壓板，就可以烘烤出平坦的派皮。

16

甜點師奶油餡

把櫻桃酒倒進預先冷卻的甜點師奶油餡裡面。

12

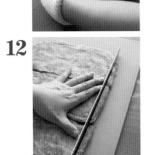

烘烤❸【230℃／5分鐘】

把派皮的邊緣切掉，再將派皮切成3片相同的大小。切掉的派皮要留下備用，組合的時候會使用到。

17

用攪拌刮刀攪散步驟**16**的奶油餡。

➡ 首先，用攪拌刮刀把甜點師奶油餡挪至前方，接著，把攪拌盆放倒，把身體的重量壓在攪拌刮刀上面，攪散奶油餡。剛開始會一塊塊的，之後就會慢慢變得柔滑，產生光澤。如果有結塊，就會堵住花嘴，所以要確實攪散，直到狀態如下方照片所示。

13

選1片烘烤得最漂亮的派皮，切成5等分（用來放在最上面的派皮）。

↓

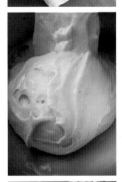

14

用濾茶網把糖粉篩撒在所有派皮的表面。

18

組合

把甜點師奶油餡裝進裝有寬度1.5cm平口花嘴的擠花袋裡面。把奶油餡擠在沒有切割的派皮上面，就擠在撒了糖粉烘烤的那一面。

➡ 只要從沒有切割的派皮當中選用形狀漂亮的派皮鋪底，完成後的造型就會更漂亮。

19

把草莓切成厚度 3 mm 的片狀，排列在步驟**18**上面。
➡ 草莓的厚度如果不平均，上面的派皮就會不平均，產生傾斜。

20

擠出甜點師奶油餡。

24

把多餘的甜點師奶油餡擠在長邊的兩側。

21

放上 1 片沒有切割的派皮，用抹刀確實按壓。就算甜點師奶油餡溢出也沒關係。

25

用抹刀把步驟**24**塗抹上的甜點師奶油餡抹平。

22

重複**18**～**20**的動作，放上 1 片片切割的派皮。

26

把烘烤派皮時切掉的派皮放進攪拌盆，用切麵刀粗略搗碎。

23

用抹刀確實按壓。

27

用切麵刀撈起步驟**26**的派皮碎，把派皮碎貼在步驟**25**塗抹好的甜點師奶油餡上面。使用切麵刀，讓派皮碎緊密貼附在側面，調整形狀。放進冷藏庫，直到甜點師奶油餡冷卻為止。

28

切的時候，要把砧板等道具平貼在前方，以避免派皮位移，同時，菜刀要垂直抓握。就這樣握住菜刀，一邊往上下移動，一邊慢慢的往前方切入，就可以完美切割。

皇冠杏仁派

用派皮包裹加了蘭姆酒的杏仁奶油餡。
做法雖然簡單，但派皮的造型卻非常美麗，
正因為奶油確實乳化，所以才能製作出美味的甜點。

材料（直徑16cm／2個）
● 派皮（P.160）

● 杏仁奶油餡
奶油 … 60g
糖粉 … 50g
杏仁粉 … 60g
全蛋 … 55g
低筋麵粉 … 15g
蘭姆酒 … 10g

● 最後加工
蛋液 … 適量
糖漿* … 適量
＊精白砂糖50g和水35g混合煮沸後，冷卻備用。

事前準備
· 參考「派皮製作方法」（P.160），製作派皮。可是，最後的四折僅1次就好。放進冷藏庫冷藏備用。
· 製作杏仁奶油餡（參考P.060「水果塔」步驟27～29），依序加入低筋麵粉和蘭姆酒，充分攪拌。
· 烤箱預熱至230℃，烤盤也一併放進烤箱預熱。

1

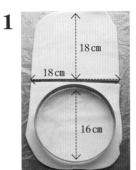

成形

用擀麵棍把派皮擀壓成厚度3mm、寬度18cm、長度約36cm的大小。把直徑16cm的圓形圈模放在派皮的前方，在距離後方邊緣約18cm的地方，把派皮切開。

➡ 覆蓋在上方的派皮（沒有圓形圈模的那一邊），要比另一邊長。

2

把虛線圈起的邊緣折起來，做出記號。

➡ 因為之後把2片派皮重疊時，希望以不同的擀壓方向重疊，所以要預先做出記號。

3

把直徑10cm的圓形圈模放在直徑16cm的圓形圈模的正中央。分別輕輕按壓，藉此做出記號。

4

把杏仁奶油餡裝進裝有口徑10mm圓形花嘴的擠花袋裡面，在步驟3直徑10cm的記號內側擠出圓形。然後在上面再擠出小上1圈的圓形。

➡ 從中央開始擠出。

5

在冷凍庫放置15分鐘左右，讓杏仁奶油餡冷卻凝固。硬度達到就算碰觸也不會沾黏在手指上的程度，就可以取出。

➡ 因為杏仁奶油餡的上面還要再覆蓋另一片派皮，為避免派皮壓扁杏仁奶油餡，所以要預先冷卻凝固。

6

用刷子在步驟**3**派皮直徑16cm的記號內側，和杏仁奶油餡的上面，薄刷上一層蛋液。

➡ 塗蛋液主要是為了黏接派皮。如果塗抹過厚，反而會導致滑動，所以要多加注意。

7

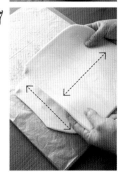

把另一片派皮覆蓋在上方，覆蓋時，讓折出的記號邊緣重疊在相同位置。

➡ 讓派皮擀壓的方向交錯重疊（虛線是派皮擀壓的方向）。

8

沿著杏仁奶油餡的邊緣，用手指按壓鋪在上方的派皮，排出空氣，讓2片的派皮緊密貼合。

↓

用手調整出美麗的弧形。

9

放上直徑16cm的圓形圈模，在派皮上輕輕按壓，做出記號。在冷凍庫放置15分鐘，讓派皮定型。

➡ 派皮冷凍後會龜裂，所以不要在冷凍庫長時間放置。

10

把直徑16cm的圓形圈模放在步驟**9**壓印出的記號上面，用小刀沿著圓形圈模裁切出圓形。

➡ 用模具直接壓模會把派皮壓扁，就無法烘烤出美麗的形狀，所以要用刀子切割。切割時，刀子要採用垂直握姿，讓剖面呈現筆直。

11

劃線（Rayer）

把步驟**10**放在烘焙紙上面。抹上蛋液，放進冷藏庫。

12

蛋液乾了之後，從冷藏庫取出，再抹一層蛋液。用竹籤在中央扎洞，做出記號。

↓

派皮往上頂，製作出皺褶狀（從另一邊檢視的狀態）。

13

放在旋轉台上，用刀子在派皮的表面刻劃出紋路（劃線）。首先，把刀尖抵在步驟**12**做出的記號上面，一邊轉動旋轉台，一邊在隆起的杏仁奶油餡上面刻劃出曲線。

➡ 握住小刀的刀刃，採取直立的姿勢，宛如用刀尖繪圖般，刻劃出紋路（上方照片）。深度差不多在派皮厚度的⅓左右。來到杏仁奶油餡隆起的一半高度後，開始傾斜刀子，一路延伸到邊緣，到最後刀子呈現完全平躺的狀態（下方照片）。

↓

15

用小刀的刀尖，在劃線和裝飾線之間加上切痕。

➡ 這麼做，可以讓派皮更容易受熱，烘烤得更加漂亮。

14

刻裝飾線（Chiqueter）

在派皮的邊緣刻上花紋（刻裝飾線）。首先，把食指掐進派皮裡面，小刀平放插進凹陷後方的派皮下面。

16

在派皮整體扎出等距的小孔。

↓

把小刀的側面平貼在派皮上，把派皮往上頂。重複這樣的動作，環繞邊緣一圈，製作出皺褶花邊。

17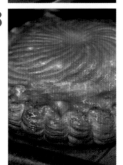

烘烤❶【200℃／20分鐘】
烘烤❷【180℃／20分鐘】

把步驟**16**放在烤箱裡面的烤盤上，把烤箱設為200℃，烘烤20分鐘。之後，再把溫度調降為180℃，同樣烘烤20分鐘。取出之後，馬上用刷子抹上糖漿。

➡ 烤盤預先加熱，就可以讓底部不容易受熱的派皮更容易烘烤。

18

烘烤❸【230℃／3分鐘】

放進230℃的烤箱裡面，烘烤3分鐘。表面的糖漿沸騰，呈現焦糖色之後，馬上取出。

➡ 抹上糖漿之後，用高溫烘烤，把表面烘烤酥脆，同時呈現光澤。因為容易焦黑，所以放進烤箱後，不要移開視線，要視情況需要，把烤盤的前後對調，使整個表面都呈現焦糖色。

塑膠膜的
製作方法

派皮、甜塔皮、酥脆塔皮等放進冷藏庫冷
藏的時候，必須包覆塑膠膜，預防乾燥。
本書使用的塑膠膜是用食品用塑膠袋剪開
製成。塑膠袋請選用較厚的種類。

1　準備食品用的厚塑膠袋，把塑膠袋底部的角剪
掉。
2　剪掉塑膠袋的底部。
3　從步驟1剪掉的地方放進剪刀，把側邊剪開，製
作成1整片的塑膠膜。

隔水加熱的訣竅

所謂的隔水加熱是，把材料放進攪拌盆，
再把熱水倒進比攪拌盆更大的攪拌盆或鍋
子裡面，讓裝有材料攪拌盆浮在其中，一
邊加熱，一邊進行作業。這是製作甜點
時，經常會使用到的方法。隔水加熱有開
火加熱和不開火加熱2種，本書寫「隔水
加熱」的情況，是指不開火加熱。需要開
火加熱時，則會寫成「開火隔水加熱」。
希望溫熱材料的時候，會採用不開火隔水
加熱，而開火的情況，則是希望讓材料受
熱。另外，只要把圓形圈模放在下方的攪
拌盆或鍋子裡面，再讓放有材料的攪拌盆
嵌在圓形圈模上，就可以讓上方的攪拌盆
更加穩定，使作業更加容易。請試著使用
直徑和高度恰巧符合攪拌盆的圓形圈模。

焦糖派餅

利用剩餘的派皮製作。為避免層次消失，
不搓揉，直接把派皮重疊擀薄。一定要確實靜置後再烘烤。
焦化的表面酥脆，十分美味。

材料（容易製作的份量）
剩餘的派皮 … 適量
精白砂糖 … 適量

1

成形

把剩餘的派皮重疊，使整體的厚度相同，再用手按壓，讓派皮緊密貼合。
➡ 這裡使用皇冠杏仁派剩餘的派皮。

2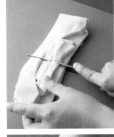

切成對半。

3

進一步重複步驟**1**～**2**的動作數次。
➡ 派皮容易收縮，所以不要揉捏。

4

用擀麵棍擀壓整體。

5

滾動擀麵棍，把派皮擀薄。
➡ 薄撒上手粉，一邊反覆的往上下左右滾動，擀壓整體。

6

把派皮捲在擀麵棍上面，往上抬起，移放到塑膠膜上面。攤開派皮，再放上另1片塑膠膜夾住派皮，在冷藏庫放置1小時以上。
➡ 亦可直接冷凍保存。

7

用輪刀壓形器切掉邊緣，再將派皮分割成相同大小。用叉子扎小孔，放進冷藏庫冷卻至較硬程度。
➡ 如果沒有輪刀壓形器，就用菜刀。派皮若軟化至往上拿起就會延展的程度，就要再放進冷藏庫冷卻。派皮如果延展，就會在烘烤過程中收縮、變形。

8

烘烤【200℃／13～15分鐘】

把步驟**7**的派皮放進裝有精白砂糖的調理盤，在兩面塗抹上精白砂糖。

9

等間隔排放在烤盤裡面，用200℃的烤箱烘烤13～15分鐘。

10

從烤箱取出後，馬上用抹刀把派餅從烤盤上取出，放在鐵網上冷卻。
➡ 如果不趁烤盤溫熱的時候移動派餅，焦糖冷卻後就會沾黏在烤盤上。冷卻的時候，如果沒有把派餅等間隔放置，派餅就會互相沾黏在一起，要多加注意。

了解材料

雞蛋

雞蛋具有各種不同的特性，有許多甜點一旦缺少這些特性，就沒辦法製作。因此，要了解雞蛋在各種甜點中的使用目的。若想製作出美味的甜點，只要事先了解該怎麼作業，就能更有助益。

● 蛋黃和蛋白的共通特性
熱凝固性…經過加熱就會凝固。

● 蛋白的特性
發泡性…打入空氣後起泡。
空氣變性…充滿空氣，使蛋白質的性質變化，在某程度的時間內維持氣泡。

● 蛋黃的特性
乳化作用…蛋黃所含的脂質（卵磷脂）會和雞蛋的水分、奶油或植物油等油脂結合，產生乳化。

● 雞蛋的重量和成分
本書的食譜主要使用 L 大小的雞蛋。每個雞蛋（L 大小）的重量大約是 60g。蛋白和蛋黃的成分就如由圖所示。

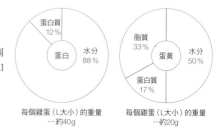

每個雞蛋（L大小）的重量
…約40g

每個雞蛋（L大小）的重量
…約20g

● 雞蛋的凝固溫度

	50℃	60℃	70℃	80℃	90℃	100℃
蛋白 開始凝固的溫度較低， 完全凝固的溫度較高（慢慢凝固）	55℃ --> 57℃ ---------- 開始形成鬆散的果凍狀　開始凝固		65℃ ---------------- 白色果凍狀	75℃ --------> 確實變硬		
蛋黃 開始凝固後，會在瞬間凝固			65℃ ---------------> 開始凝固	75℃ --------> 確實變硬		
全蛋 不管是開始凝固的溫度，或是完全凝固的溫度， 都差不多介於蛋白和蛋黃之間		60℃ ------------------------> 開始產生稠度	73℃ --------> 開始凝固*			
布丁液 因為加了牛乳、砂糖等材料， 所以凝固溫度高於全蛋				78℃ -------------> 開始產生稠度	80℃ -------------------> 開始凝固	100℃ 容易產生「蜂巢」

＊全蛋的凝固溫度會因蛋黃和蛋白的比例而不同，布丁液的凝固溫度則會因蛋黃和蛋白的比例，以及牛乳或砂糖的比例而不同。

砂糖

製作甜點時，經常使用到的材料是高純度的精白砂糖。精白砂糖依顆粒大小分成粗糖和細糖，本書使用的是顆粒較小的細糖。糖粉是磨製成粉狀的精白砂糖。白砂糖是把純度較高的砂糖細磨粉碎，同時為了避免結塊，而在表面覆蓋轉化糖所製成。特徵是會因為轉化糖的作用而造成濕潤，比較容易製作出焦色。蔗糖、黑糖、洗雙糖、細蔗糖（Cassonade）是用甘蔗製成，初階糖（Vergeoise）則是用甜菜的榨汁所製成。黑糖是直接用榨汁熬煮而成，特色是風味強烈。蔗糖、洗雙糖、細蔗糖則是從榨汁取出結晶，風味比黑糖更加醇和。初階糖是用甜菜的糖蜜（從榨汁取出

精製糖的殘渣）製成，所以具有獨特的強烈甜味。
（右排由上而下）蔗糖、黑糖、洗雙糖、白砂糖、糖粉（左排由下而下）初階糖、細蔗糖、精白砂糖‧粗糖、精白砂糖‧細糖

奶油

奶油也是許多甜點製作中不可欠缺的材料。預先了解奶油的特性，有利於製作出更美味的甜點。

● 奶油的種類
奶油分成有鹽和無鹽2種，甜點製作都是使用無鹽的種類。除此之外，還有讓奶油乳酸發酵的發酵奶油，同樣也有有鹽和無鹽2種。希望運用奶油本身的風味時，只要使用發酵奶油就可以了。

● 奶油的製造方法
利用遠心分離的方式，把牛乳的乳脂肪加以濃縮的是鮮奶油。把鮮奶油振動分離成固體和液體，再從中取出的固體物質是奶油。液體則是白脫鮮乳（酪乳）。

● 奶油的3大特性
可塑性…像黏土般可自由變形的性質。奶油在13～18℃的時候，就具有這種性質。折進派皮裡面的奶油，之所以能夠擀薄延展，使派皮呈現層次，便是拜這種性質所賜。

酥脆性…阻止麩質形成的性質。在具有可塑性的13～18℃時，更能夠發揮其性質。可以讓餅乾或酥脆塔皮等產生酥脆的口感。

乳霜性…可產生大量細緻氣泡的性質。之所以用打蛋器攪拌柔軟的奶油，會使奶油成為鬆軟的乳霜狀，便是因為如此。具有讓磅蛋糕、餅乾、奶油霜等甜點產生輕盈口感的作用。

● 依溫度而改變的狀態變化

奶油的狀態	溫度	狀態	可塑性	乳霜性	使用的食譜
硬梆梆	10℃以下	固體	×	×	酥脆塔皮
用手指按壓後會凹陷	13～18℃	固體	◎	○	派皮、餅乾
攪拌刮刀可輕易切入	18～24℃	固體	○	◎	磅蛋糕
融化奶油（Beurre Fondu）清澄奶油（Beurre Clarifie）	25℃以上	液體	×	×	瑪德蓮
焦化奶油（Beurre Noisette）	25℃以上	液體	×	×	費南雪

麵 粉

全麥麵粉是將整個小麥粒粗磨之後製成的麵粉。低筋麵粉、中筋麵粉、高筋麵粉則是去除外皮、胚芽，僅把胚乳研磨成粉，再依蛋白質含量分類而成。甜點製作主要都是使用蛋白質較少的低筋麵粉。
（由上而下）全麥麵粉、高筋麵粉、中筋麵粉、低筋麵粉

● 從小麥蛋白製作出麩質
麵粉所含的蛋白質有麥蛋白和麥膠蛋白2種，這些物質加上水和外力之後，就會轉變成麩質。麩質呈網眼狀連接，可製作出麵團的組織。外力施加越多，麩質的網眼就會越密集，黏性和彈性也會更強。加了麵粉的麵團如果攪拌過度，就會產生黏性，變得更容易收縮。另外，也會因搭配的材料變硬、難以咀嚼，同時失去鬆軟的口感。可是，如果攪拌不足，促使膨脹、維持形狀所需的麩質就會產生不足，便會形成麵團鬆脆，烘烤後塌陷的原因。加入麵粉之後，只要注意麩質會隨著攪拌而逐漸產生，再從中仔細觀察，調整是否需要持續攪拌，或是停止攪拌即可。

● 澱粉的糊化
澱粉加上水分和熱度之後，會變的黏稠，呈現柔軟、容易消化的狀態。這種現象就稱為糊化。使麵粉的澱粉完全糊化的溫度高達87.3℃。若要讓澱粉確實糊化，就必須確實加熱，以提高麵團的溫度。
完全糊化之後，如果再進一步持續加熱，就會在超出95℃時，發生崩解現象，這個時候，黏度就會稍微降低，產生柔滑度。製作泡芙或甜點師奶油餡的時候，會在材料裡面加入麵粉進行加熱，當攪拌的手感變輕的時候，便是發生崩解現象的時刻。

凝固劑

凝固劑有植物性和動物性2種，瓊脂（Agar）和寒天是植物性，明膠是動物性。植物性凝固劑會在室溫下凝固，但動物性凝固劑則必須放進冷藏庫等冷卻才會凝固。瓊脂是用從海藻萃取出的卡拉膠，和從長角豆萃取出的刺槐豆膠所製成，和砂糖充分混合後使用。寒天是用石花菜或真江蘺等海藻製作而成，有粉末狀、絲狀、棒狀。明膠的原料是利用牛或豬的膠原蛋白製成，有片狀和粉末狀。用水泡軟後使用。凝固劑會因種類而有不同口感，瓊脂口感柔軟、滑嫩；寒天口感清脆；明膠的特徵則是滑溜、入口即化的口感。

（右排由上而下）瓊脂、寒天粉
（左排由上往下）明膠片、明膠粉

巧克力

巧克力是用可可豆製成。可可豆要先發酵，然後再烘烤，研磨成細碎。研磨成細碎的可可豆是可可粒，製作成膏狀的可可粒是可可膏。把可可膏裡面名為可可脂的油脂成分離出來，將剩餘的成分製作成粉末狀，就成了可可粉。黑巧克力是在可可膏裡面加入可可脂和糖分製作而成。而進一步添加牛乳的是牛奶巧克力。白巧克力則是只用可可粉、牛乳、糖分製成。

（右排由上而下）黑巧克力、牛乳巧克力、白巧克力
（左排由上往下）可可粉、可可粒、可可膏、可可脂

乳製品

使用於各種甜點的乳製品。這裡僅列出本書使用的種類。常見的優格是把牛乳進行乳酸菌發酵製成。酸奶油和鮮奶油相同，是以乳酸菌發酵製成。奶油起司是把鮮奶油和牛乳混在一起進行乳酸菌發酵，去除乳清（Whey）後所製成的乳製品是非加熱軟質起司。格律耶爾起士使用於烤起司蛋糕（P.116），是原產於瑞士的硬質起司。大量使用是為了增強起司的風味。

（右排由上而下）優格、酸奶油、牛乳、鮮奶油
（左排由上往下）格律耶爾起士、奶油起司

堅果

說到甜點製作中最常使用的堅果，非杏仁莫屬。整顆的杏仁是杏仁粒、去皮削切成薄片的是杏仁片、去皮切碎的則稱為杏仁碎。研磨成粉末狀的是杏仁粉。又稱為Almond Poodle（杏仁粉）。杏仁粉有去皮研磨和帶皮研磨的種類，帶皮的種類擁有更強烈的風味。本書則是使用不帶皮的種類。堅果類可直接購買生的，然後在使用之前進行烘烤。

（右排由上而下）杏仁粒、杏仁片、杏仁碎、杏仁粉（不帶皮）、杏仁粉（帶皮）
（左排由上往下）山核桃、開心果、核桃、夏威夷豆

關於道具

打蛋器、攪拌刮刀、木杓

打蛋器要根據攪拌盆的大小，準備大小相符合的種類。攪拌刮刀建議使用握柄和刮杓一體成形的矽膠製產品，容易清洗也比較衛生。如果只準備1支，建議選擇耐熱性的款式。攪散較堅硬的材料時，如果有木杓的話，就能讓作業更便利。

攪拌盆

這本書主要使用的是直徑22㎝的攪拌盆。如果再準備幾個較小的種類，應該會更恰當。隔水加熱要使用不鏽鋼製。如果有塑膠製或耐熱玻璃的種類，在利用微波爐加熱溶解奶油等時候，就可以派上用場。

量尺、刀具

如果有30㎝的量尺，就會更方便。刀具由左至右，分別是鋸齒片刀、牛刀、小刀。鋸齒片刀在切割蛋糕或派的時候使用。切碎堅果等較硬的材料時，只要使用牛刀就沒問題了。小刀在採取細膩作業時，是相當好用的道具。

矽膠墊、透氣烤盤墊

可清洗重複使用的烘焙墊。可以讓受熱趨於溫和。矽膠製成的矽膠墊（左）表面平坦。透氣烤盤墊（右）是玻璃纖維製成。表面呈現網孔狀，水分或油脂會從網孔排出，烘烤出酥鬆的口感。

模具

最後方的是傑諾瓦士蛋糕模具。使用於海綿蛋糕等的製作。圓環狀的模具稱為圓形圈模，有各式各樣的直徑和高度。派餅烤模就選用底部可拆卸的種類吧！右前方的2種模具是磅蛋糕模具。左邊沒有底部的矩形模具稱為方形模。

擀麵棍、壓條

擀麵棍選擇比較有重量的種類比較容易使用。如果可能碰到擀壓派皮或塔皮的情況，準備30㎝左右的擀麵棍會比較好。壓條是金屬製成的平坦長條。有各種不同的厚度。2支一組，放在麵團的兩側，把擀麵棍放在壓條上面滾動，就可以擀壓出厚度一致的麵團。

烘焙墊、脫模紙、玻璃紙、烘焙紙

烤盤墊的表面有薄膜，可清洗後重覆使用。脫模紙是使用於蛋糕捲麵糊等製作的大尺寸烘焙紙，不具有耐油性。玻璃紙是沒有耐熱性的光滑紙張，製作擠花袋等道具的時候會使用到。烘焙紙具有耐水、耐油性，烘烤時使用。

量秤

使用最小可量秤0.1g的電子秤。務必精準測量。

刷子

左邊是矽膠製，右邊是山羊毛製的刷子。生菓子使用較衛生的矽膠製刷子，燒菓子使用容易塗抹的山羊毛刷子。

濾茶網

在最後加工篩撒糖粉或可可粉時，不可欠缺的道具。準備網眼較細密的種類吧！

PROFILE

新田あゆ子 Nitta Ayuko

出生於1979年。短期大學畢業後，在東京都內的洋菓子店、甜點學校、甜點教室任職，吸取經驗後，於2006年在東麻布開設甜點教室「RESSOURCES菓子工坊」。2007年開始販售在甜點教室教授的甜點，其美味深受好評，甚至供不應求。2012年開設附設咖啡座的淺草店，並將教室轉移到該處。2014年開設松屋銀座店。詳細的教學方式贏得「即便是初學者也能製作出美味」的正面評價。報名的學生瞬間爆滿。著有《人氣RESSOURCES菓子工坊餅乾配方大公開！》（Mynavi）等。

TITLE

RESSOURCES 菓子工坊 美味甜點配方

STAFF

出版	瑞昇文化事業股份有限公司
作者	新田あゆ子
譯者	羅淑慧
總編輯	郭湘齡
文字編輯	徐承義　蔣詩綺　李冠緯
美術編輯	孫慧琪
排版	執筆者設計工作室
製版	明宏彩色照相製版股份有限公司
印刷	桂林彩色印刷股份有限公司
法律顧問	經兆國際法律事務所　黃沛聲律師
戶名	瑞昇文化事業股份有限公司
劃撥帳號	19598343
地址	新北市中和區景平路464巷2弄1-4號
電話	(02)2945-3191
傳真	(02)2945-3190
網址	www.rising-books.com.tw
Mail	deepblue@rising-books.com.tw
初版日期	2019年5月
定價	480元

ORIGINAL JAPANESE EDITION STAFF

製作協力	新田まゆ子
撮影	日置武晴
デザイン	福間優子
編集	井上美希
参考文献	『新版 お菓子「こつ」の科学』
	河田昌子著（柴田書店）
	『使える製菓のフランス語辞典』
	辻製菓専門学校監修、小阪ひろみ
	山崎正也共著（柴田書店）

國家圖書館出版品預行編目資料

RESSOURCES菓子工坊 美味甜點配方
/ 新田あゆ子著；羅淑慧譯. -- 初版. --
新北市：瑞昇文化, 2019.04
184 面；18.8 x 25.7 公分
譯自：菓子工房ルスルスが教えるくわ
しくて ていねいな お菓子の本
ISBN 978-986-401-323-4(平裝)
1.點心食譜
427.16　　　　　　　　　　108004160